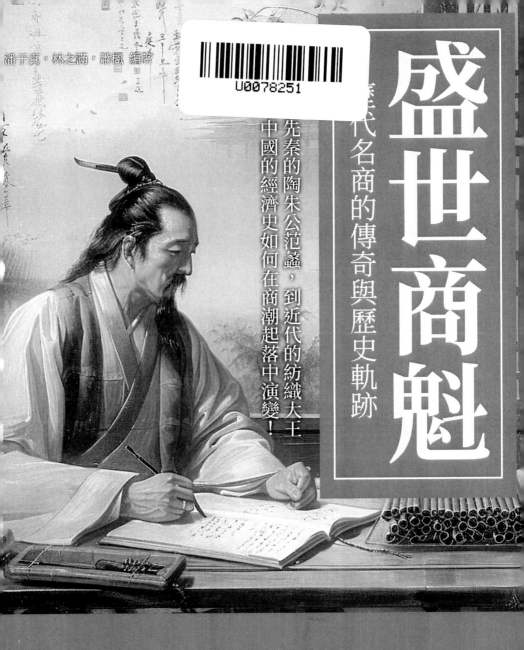

潘于真．林之滿．蕭楓 編著

U0078251

盛世商魁

歷代名商的傳奇與歷史軌跡

先秦的陶朱公范蠡，到近代的紡織大王
中國的經濟史如何在商潮起落中演變！

揭開中國歷史上的商匠如何經商，創造繁榮的經濟巨流！

先秦呂不韋、明代鄭芝龍、紅頂商人胡雪巖、上海灘巨頭虞洽卿
從古到今、從絲綢之路到近現代工業，富甲一方的中國商業傳奇

目錄

目錄

一、先秦名商

「陶朱公」范蠡

▌ 興越滅吳任謀臣

范蠡（西元前 533～前 452 年），字少伯，春秋末期楚國宛邑（今河南南陽一帶）人。他出身於平民之家，少時過著相當貧困的生活，後被越王勾踐起用，助越滅吳。功成身退，泛舟於江湖，以經商致鉅富，稱「陶朱公」，被後世商人視為鼻祖，得到後人的好評。

范蠡年輕時頗有才學，狂放不羈。當時在宛邑任宛令的文種，聽聞范蠡的名氣，派小吏代己登門拜會，范卻避而不見，小吏回來後不滿地說：「范蠡是國中狂人，向來這等傲慢無禮。」文種笑道：「我聽說有傑出才能的士人，都會被人看作佯狂；胸懷獨到見解的人，也常會受到他人的毀謗，這是因為你們普通人無法理解他們。」於是文種親自趨車去看望范蠡。范蠡起初依舊避開，後得知文種是獨自駕車來的，深感其意誠，便向兄嫂借了衣冠，穿戴整齊地出來見文種。兩人一見如故，談得十分投機，從此結成至交。

范蠡根據自己平時對天下大勢的觀察和分析研究，告訴文種，中原文化在南移，繼長江中游楚國一帶逐步得到發展之後，下一步將是長江下游地區開始進入先進的行列。他約文種一同東下，到長江下游地區這個充滿希望的地方尋找機會做一

番大事業。文種覺得他的預見很有道理，欣然應允，很快辭去官職，與他一道沿江東下。兩人先來到吳國，欲輔佐吳王夫差，但得不到夫差的重視，於是離開吳國繼續南行，到達越國都城會稽（今浙江紹興）。

當時的越國是一個經濟、文化都比較落後的小國，到處都是未開墾的荒地。越王勾踐很賞識范蠡和文種，很快封他們為大夫。勾踐經常找范蠡談軍國大事，要他出謀劃策，范蠡則知無不言，盡心謀劃。由於他具有豐富的政治、軍事、經濟、天文、地理等方面的知識，並明察天下大勢，所以成了勾踐的主要謀臣。君臣相得，同心協力，越國很快在各個方面都有了起色。

勾踐即位三年之後，聽說吳王夫差正積極練兵，準備報當年吳越檇李之戰，吳王闔閭負傷致死之仇。勾踐為防越國受攻擊，打算先發制人，攻打吳國。范蠡看出勾踐有些驕盈自滿，認為越國實力不足，發動戰爭勢必失敗，於是極力勸阻勾踐，說此時興兵，天時、人事都對越國不利，是「逆於天而不和於人」。勾踐不聽，范蠡再諫。勾踐面露不悅地說，「勿庸再言，吾意已決」，接著興兵伐吳。周敬王二十六年（西元前494年），吳、越兩軍大戰於夫椒（太湖一山名），越軍果然大敗。

勾踐帶領5,000殘兵退守會稽，被夫差率領的吳軍團團包圍。勾踐急忙召文種等大臣謀劃對策，並對范蠡說：「我沒有聽從你的忠告，以至於此。現在該怎麼辦呢？」范蠡回答：「事到

如今，只有卑辭尊禮，獻上金玉美女向吳王求和了。」勾踐這次依從了范蠡的建議，派文種向夫差求和。夫差起初不肯與和，文種便用美女珍玩賄賂吳太宰伯嚭，請他幫助遊說夫差。後來夫差同意受降，但條件是勾踐要親自來吳國充當人質。

勾踐赴吳國之前，想讓范蠡為相留守越國。范蠡推辭說：「治理國家，督率百姓，我不如文種；指揮打仗，當機立斷，文種不如我。」勾踐接受了范蠡的意見，留下文種守越國，帶范蠡同去吳國。

到了吳國，勾踐、范蠡被迫做起了僕役的差事，為吳王夫差駕車養馬，其餘時間就被軟禁在石室之中。夫差聽說范蠡是個賢才，想招降他，便在召見勾踐、范蠡時，勸范蠡說：「寡人聽說貞女不嫁破亡之家，仁賢之士不留絕滅之國為官。現在越王無道，越國將亡，你和越王皆在吳為奴僕，被天下人恥笑。我想赦你之罪，你能改過自新、棄越歸吳嗎？」范蠡回答：「我也聽說亡國之臣不敢談政事，敗軍之將不敢言勇。我在越國已不忠不信，以至於讓越王勇於違抗大王的號令，與大王用兵動武。現在失敗了，君臣俱降，蒙大王鴻恩，保我君臣性命，我願為大王服役奔走，但不做官。」勾踐原以為范蠡會順從夫差離自己而去，正伏地流淚，聽了這番話才放下懸起的心。夫差知道范蠡意志甚堅，不可能強迫他為臣，就說：「你既然不移志向，我也只好把你重新送回石室了。」范蠡說：「大王請便。」於是范蠡、勾踐重回石室，繼續為夫差服役。

這樣過了三年，范蠡一直陪伴著勾踐在吳國受苦，毫無怨言，並不時為勾踐出謀劃策，讓他千方百計取悅於夫差，從而使夫差確信勾踐君臣已徹底臣服，便將他們釋放回越國。

回到越國後，范蠡與文種等大臣輔佐勾踐勵精圖治，下決心復興越國，范蠡主張順應天時，大力發展農業生產，以使「田野開闢，府倉實，民眾殷，藏富於民」。聽了他的建議，勾踐感嘆說：「我的國家就是你的國家，你已為我籌劃了一切！」由於君臣親密合作，越國的經濟、文化迅速發展起來，逐步趕上先進的中原地區的水準。在發展經濟的同時，范蠡也全力以赴地練軍養士，準備將來征伐吳國，報喪國失地之仇。他從自己的家鄉楚國請來熟練的鑄劍工人和百發百中的射箭能手，組織起一支兵鋒刃利、能攻善守的精銳之師。經過十多年的建設，越國變得富強起來，且上下一心，團結一致，時刻準備伐吳。

周敬王三十八年（西元前 482 年），吳王夫差帶領精兵北上，到宋國黃池（今河南封丘西南）與晉、魯等國諸侯會盟，吳國內僅剩老弱之兵。范蠡認為吳國防守薄弱，伐吳時機已到，建議舉兵。勾踐依范蠡之計率越軍伐吳，果然大獲全勝，一舉攻入吳國都城姑蘇。夫差聞訊大驚，急忙趕回吳國，向越國求和。范蠡自度越國此時滅吳力量尚不足，遂許其求和。

周元王元年（西元前 475 年），勾踐再次率兵伐吳。吳軍由於連年征戰，精銳盡戰死於齊、晉等國，吳國民眾也已疲憊不堪，故抵抗能力大大降低。越兵大破吳兵，姑蘇也被越兵圍困

了三年。吳王夫差躲在姑蘇山上，派使者向越求和，要求像他當年在會稽時赦免勾踐一樣赦免他。勾踐心存惻隱，欲同意吳國求和。范蠡進諫說，「難道大王忘了會稽之恥嗎？是誰使我們席不暇暖，寢不安枕，與我們爭三江五湖之利呢？不正是吳國嗎？經過 22 年的籌劃和艱辛才得到今天的一切，怎麼可以一朝放棄呢？」勾踐覺得范蠡說得有理，但又不願親自回絕吳使。范蠡於是出面告訴吳使，越不允吳的求和，讓吳使快回去，否則就對他不客氣了。吳使流淚而去，范蠡督師繼續進攻，一直打到吳國王宮前。夫差被迫自殺，吳國從此滅亡。

滅吳之後，勾踐任范蠡為上將軍，命他率越軍過長江、渡淮河北上，與楚、齊、晉等大國較量。越軍「橫行江淮之上」，各諸侯國自忖實力難敵，遂紛紛請和。勾踐乘勝北上，與諸侯會盟於徐州，被推為盟主。在范蠡的謀劃下，勾踐採取了「抑強扶弱」之策，把宋、魯等小國以前被大國奪去的土地歸還原主。范蠡由此受到人們的普遍敬重。

泛舟北上成鉅商

勾踐大功告成，復國宿願已償，且成了天下霸主，於是大宴群臣慶功。群臣個個歡欣鼓舞，紛紛舉杯向勾踐敬酒道賀，勾踐反倒面無喜色，沉默寡言，似乎心有未了之事。范蠡看出了勾踐的心事，知道他此時已經野心膨脹，只想著開疆拓土，

擴大勢力範圍，如若有人諫言勸阻，定會招來殺身之禍。越國已不可久留，范蠡決定離開勾踐另謀前程。

不久，范蠡向勾踐辭官，他說：「我聽說為人臣者，君憂臣勞，君辱臣死。從前君王受辱於會稽，為臣之所以不死，是為了來日復國報仇。現在目的已達到，我的義務也盡完了，所以前來向您請求辭職遠行。」勾踐拒絕了他的辭職，還以他走就斬其全家老小相威脅。但范蠡主意已定，還是偷偷乘船離開越國。臨行前，他寫信留給文種，提醒朋友：「飛鳥盡，良弓藏；狡兔死，走狗烹。越王為人，長頸鳥喙，鷹眼狼步，只可與其共患難，不可與其共安樂。你若不走，遲早會遇危險。」文種不信此言，後來果然被殺。

范蠡一葉扁舟，出三江，入五湖，北上來到齊國。他怕自己名氣太大招惹麻煩，便隱姓埋名，自號「鴟夷子皮」（鴟夷即牛皮）靠經商為生。他之所以選擇經商之路，是受計然的影響和啟發。當年勾踐被夫差圍困於會稽時，計然也曾為其出謀劃策，主張以發展生產、繁榮市場經濟促進越國盡快富足，並提出了經商七策。主要是：掌握商品的生產季節和社會需求關係，以明瞭市場供需行情；根據日月執行對農業的影響，了解規律，做好迎接水旱之災的準備；糧價隨年成豐歉漲落，但不能沒有限度，穀賤傷農，會導致農民破產土地荒蕪，太貴則商人吃虧不肯經營，市場就要蕭條，應該在每斗 30～80 錢之間波動；物價合理，於農於商都有利，又可保證國家稅收和市場供給；

囤積貨物應選擇完好牢固可以久藏易售之物，才不會損壞或滯銷，容易腐敗或損壞之物不要久藏和囤積以求高價；要掌握物價漲落的趨勢，漲到極限時，就應把囤積的貨物視為糞土迅速拋售，跌到極限時，就應把貨物視為寶玉快速收購，錢財貨幣只有流通才能帶來利潤，不能藏著不用。計然的策略應用於越國大見成效。范蠡認為治國與治家道理相通，在滅吳興越後，他決定棄政從商，按計然的七策發家致富。他曾感慨地說：「計然的策略有 7 項，越國僅用了 5 項就已如願復仇。他的策略已行之於國，我要把它行之於家。」

范蠡在齊國經商，同時也耕種一些田畝。由於他經營有方，幾年之後，居然成為積財數十萬的大富商。齊王聽到他的名聲，聘請他為相國。范蠡喟然嘆道：「居家富有千金，居官位至卿相，這是普通人所能達到的最高地位了，久享此尊名，乃是不祥之兆。」他謝絕了齊王的聘請，把財產分給同鄉好友，僅帶著貴重珠寶，悄悄離開了齊國。

范蠡又遷到陶邑（今山東濟陽），稱「陶朱公」。他看中陶邑。是因為它的地理位置居天下之中央，道路四通八達，與各諸侯國往來方便，是經商的極好地方，在這裡范蠡囤積貨物，壟斷居奇，把握時機，聚散適宜，而且選擇助手時能知人善任，大膽任用，出點差錯時也不苛責，使人人盡效其力。很快，他的產業得到發展，獲取了豐厚利潤，19 年內，曾 3 次獲利千金。他很慷慨大方，經常向貧窮的朋友和遠房同姓的兄弟

「陶朱公」范蠡

饋贈錢財，受到眾人的尊敬愛戴。他年老力衰後歸隱田園。子孫承業繼續經商，財富不斷增加，以至於累積下上億的金錢和家財。因此，後世人只要說到歷史上的鉅富，都要提到「陶朱公」。「陶朱公」三個字幾乎成了富商大賈的代名詞。

決勝商場的四大法寶

范蠡經商得以成功，主要有四大法寶：

首先他善於選擇四通八達的理想經商之地。史載范蠡當年之所以定居於陶，是因為看中陶乃「天下之中，諸侯四通，貨物所交易」之地。用今日的話來說，經商的地點應選擇水陸交通便利，而又人來客往的貿易集散中心。它既可及時了解到各地的商品資訊，而又利於轉運買賣，成交量大，有著繁榮理想的貿易市場，這是經商成功的基礎。

其次，范蠡注重治產積居，與時逐利。范蠡指出「地能包萬物以為一，其事不失，生萬物，容畜禽獸，然後受其利，美惡皆成以養生」。認為人所依賴的物質生活，都是從地裡長出來的，因此商人必須「因陰陽之恆，順天地之常」，治產積居，以兼得萬物之利。《史記》載范蠡初適齊，「耕於海畔，苦身戮力，父子治產」。遷陶，又「復約要父子耕畜」，說明他是先治好業產，然後才與時逐利的。在具體經商活動中，范蠡強調審時度勢，「時不至，不可以強生；事不究，不可以強成。」他還

013

進一步提出商海中「時將有反，事將有間」，「得時不成，反受其殃」。商人必須善於思考，抓住時機，利用商情變化的某些空隙（即「有間」）機會，明智地及時把商品購入或拋售，以獲取利潤。

尤為重要的是，范蠡有一套合理有效的行銷策略和經營之道，歸納起來，可有以下幾種：

1 「務完物，無息幣」。

主張成本占有量要最少，占用期要最短，商品不要積壓，以避免浪費、貶值。用現在的說法，就是成本占用率要最低，商品周轉率要最快，才能獲得最大的經濟效益。

2 「逐什一之利」，「無敢居貴」。

「逐什一之利」，即薄利多銷。「無敢居貴」，即貨物不要囤積居奇，奇貨可居，要抓住時機，「候時轉物」加快貨物周轉，必須有一套適應市場發展變化的靈活行銷策略。尤其是對那些易耗、易變、易損商品，更要如此，如范蠡所說，「以物相貿，易腐敗而食之貨勿留。」

3 「貴出如糞土，賤取如珠玉」。

要掌握好行銷時機，見機而行，使「財幣欲其行如流水」，要加快資金和貨物的周轉。

4 「富好行其德」。

　　一般商人常常唯利是圖，有的甚至為富不仁，為了追逐財利，不惜坑蒙拐騙，所以有「無商不奸」的說法。而范蠡則不同，他經商致富之後，「富好行其德」，「再分散與貧交疏昆弟」，仗義疏財，慷慨地將財產分與別人。這表明范蠡的人格高尚，品德很好，是一位超凡脫俗之人，更令世人敬佩不已！

　　此外，范蠡還重持盈、定傾和節事，能擇人而任。范蠡在與越王勾踐談論國事時，曾一再指出「國家之事有持盈，有定傾，有節事……持盈者與天，定傾者與人，節事者與地。」認為「天貴持盈。持盈者，言不失陰陽、日月、星辰之綱紀。地貴定傾。定傾者，言地之長生丘陵乎？均無得宜……人貴節事。節事者，言王者已下公卿大夫當調陰陽和順。天下事來應之，物來知之，天下莫不盡其忠信，從其政教，謂之節事。」范蠡主張要國家保持富強（持盈）自應順應「天道」，並盡力避免出現危機局面（定傾），同時還應調節好政治事務（節事），說的雖屬明主、君王的治國之本，但范蠡肯定會把它用於經商之道。他反覆強調說「善治生者，能擇人而任」，必須採用任賢使能的用人原則。只要選任得好「天下事來應之，物來知之，天下莫不盡其忠信」，選擇既懂行規且熟悉商務，而又忠信可靠的能人（經理人及合作商家），「則轉轂乎千里外，貨可來也；不習，則百里之內不可致也」。當然，經商時偶爾也會出現失誤，范蠡也是寬容大度「不責於人」。唯有任賢使能，使其發揮各方面的專長，

方可在變幻莫測的商海中搏風擊雨，永立於不敗之地。

范蠡的經商致富之道，大凡為上述四大法寶的靈活運用。尤應補充一點的是，范蠡「富好行其德」，遷齊經商十九年中，曾三至千金，並屢次「盡散其財，以分與知友鄉黨」，接濟貧民而大得人心。故司馬遷稱范蠡「所止必成名」，這對今日也都有借鑑意義。

關於范蠡的後半生，還有這樣一種傳說，即范蠡當年是帶著著名美女西施一道出走經商的。他們雙雙泛舟於江湖，協力經商致鉅富，逍遙於天地自然之中，享盡了富貴與自由。不過這種傳說並無史實根據，所以只能說它是人們富於浪漫色彩的想像。

呂不韋奇貨可居

奇貨可居

呂不韋（？～西元前 235 年）是戰國末年衛國濮陽（今河南濮陽西南）人。生年不詳，卒於西元前 235 年。四通八達的優越地勢，使濮陽人經商致富具備了天然條件，從而造就了一批商人。濮陽也就成為當時中國境內的一個商業都會。呂不韋就是在濮陽的一個家富千金的大商人家庭裡長大的。

呂不韋頭腦靈活，重視研究商情，掌握資訊。從各地販進便宜的貨物，然後以較高的價錢在當地出售，一買一賣之間獲利甚豐，由於經營有術，終於成為擁有千金的大富商。

一次，呂不韋去趙國都城邯鄲經商，他一面有一搭無一搭地做著生意，一面在歌舞場上、宴席之間尋找能實現一本萬利的商品。

真所謂皇天不負有心人，這種一本萬利的貨物終於被呂不韋發現了。有一天，呂不韋行色匆匆地跑回家來，急不可待地對他的父親報告說：

「我找到了一宗一本萬利的生意。」

「什麼生意？」他父親急切地問道。

「春種秋收憑賣力氣耕田能收到幾倍的利？」

「大約有十倍吧？」

「販賣珠玉珍寶能掙幾倍利呢？」

「百倍！」

「那麼，立主定國，把一個國家的君王買過來能賺多少倍呢？」緊接著呂不韋提出一個令人意想不到的問題。

不難想像，聽到這樣的話，呂老頭嚇得目瞪口呆，停了半天才從嘴裡擠出兩個字：「無數……」

這個「無數」的含義，不知是指「立主定國」這種駭人聽聞的生意，自己從來沒聽說過，心中「無數」，還是指這宗膽大的

買賣，可贏利「無數」？反正老頭兒對自己的兒子想幹什麼已經無法猜測了，只好聽呂不韋自己亮出底牌。

「當今之世，拚命種田，出死力耕作，到頭來也只能混個吃飽穿暖。」呂不韋以教訓的口吻說出了自己的打算：「若能定國立君，把一個國家的君王買到手，不僅一生吃穿不愁，而且榮華富貴可澤及後世。我就想做這筆生意。」

聽著呂不韋胸有成竹地一口氣說出這麼個驚人的計畫，老頭子瞠目結舌愣了半天，一句話也說不出。這個家富萬金的大商人一輩子什麼生意沒做過，可是，買賣國君的交易卻連想都沒想過。見兒子竟有這麼大的膽略和氣魄，知道自己遠遠落後了，還有什麼可說的。大概只有自嘆弗如的份兒了。

呂不韋向父親報告以後，沒有再停留，重新打點行裝，離開殘破、岌岌可危的故國，返回邯鄲。

呂不韋對他父親說的，確實不是空話。他自己是心中「有數」的：他所謂的「定國立君」已經有了具體目標，他所要販的貨也早在邯鄲待價出售。

呂不韋離開濮陽晝夜兼程趕赴邯鄲。這時，邯鄲和濮陽間已成為秦、趙之間的戰場，需要穿過一道道秦軍、趙軍防線，有時還有魏軍的軍陣、防線，才能達到目的地。然而，這都沒能阻擋住呂不韋的行程。他必須盡快回到邯鄲，否則即將到手的寶貝就可能喪失。

到底是什麼寶貝令呂不韋如此動心呢？原來這個寶貝不是別的，而是秦國的公子異人，即子楚。

異人，這是一個多麼奇怪的名字。大概為他取這個名字的人，早就盼他有個不同尋常人的功績吧？異人的經歷果然與眾不同。當呂不韋發現異人的時候，這個寶貝正在趙國為「質」。

呂不韋看中的異人，是秦昭王（即昭襄王）時期被秦國送到趙國來為質的一個秦國貴族，且是昭王的孫子。

異人在趙國首都邯鄲為質的那幾年，若是秦、趙兩國關係友好，身為秦國王孫的異人自然會被奉為上賓。可是恰在此時，秦國和趙國的關係愈來愈緊張；咄咄逼人的秦軍不斷向趙地進攻，就在異人來趙國這一年，秦國就攻取了趙國的三座城。兩國進入戰爭狀態，為質的異人一開始就成了趙國的階下囚。

可以想像：在戰場上被秦打敗的趙國，君臣們回過頭來一定會拿人質出氣：呵斥、凌辱尚不在話下，連食物的供應也難得保障，更不用說車乘用品了。這位落魄的秦國貴族，在邯鄲活得人不像人，鬼不像鬼。自己的國家天天打勝仗，他卻被扣在敵國，有國回不去，而且隨時有被處死的危險。

異人身處逆境，又不是一個貧賤不移、威武不屈的人。這位秦昭王小老婆生的孽子不僅沒什麼本事、沒什麼志氣，而且貪婪好色。被送到趙國來之前他就是個沒出息的傢伙，到趙國為質之後，更像丟了魂、落了水、斷了脊梁的癩皮狗，戰戰兢

兢,窩囊地混日子。

中國古代經書之首的《易經》「否」卦《象》曰「否終則傾,何可長也。」意思是說物極必反,倒霉的事到了頭必然向好的方面轉化,即所謂「否極泰來」。正當異人困苦潦倒,囚居邯鄲,歸國無望,前景難以測定,心情幾乎近於絕望之際,碰到了呂不韋,從此改變了命運。呂不韋當時正在邯鄲一面尋歡作樂,一面搜尋著得以使其富甲天下,澤可遺後世的一本萬利的貨物。初到邯鄲,呂不韋就聽說有一位秦國的貴族困居於此地,經過多方探聽,他把異人的身世、家庭關係、目前處境以及此公的品性、愛好等等掌握得一清二楚。後來,他很容易找到一個機會見到了異人。當呂不韋一見到這位落魄的王孫之時,憑他多年經商的經驗,一眼就看出:多方尋覓的寶貝就在這裡!不由得脫口而出留下一句名言:「此奇貨可居。」他回家向其父稟告、可贏利「無數」的寶貝,就是異人這個「奇貨」。

▌拍板成交

呂不韋再次回到邯鄲時,已經是西元前 262 年(秦昭王四十五年)了。

回到邯鄲後第一件事當然就是找異人談判。因為如果結交下秦公子,將來就有可能以此為階梯登上政治舞臺。在呂不韋這個久居商場,善於辨別物品成色價值的大商人眼裡,子楚算

得上「奇貨可居」了。

在拜訪子楚時，呂不韋開門見山地說：「我能光大你的門庭。」子楚認為他不過是個被士人瞧不起的商人，就嘲笑說：「你還是先光大自己的門庭，然後再來光大我的門庭吧！」呂不韋正色說道：「你還不懂，我的門庭需要等你的門庭光大之後才能光大。」子楚聽他這麼一講，也就明白了他的用意，也有心藉助他的財力和資源起家，於是拉呂不韋坐下，兩人深談起來。

呂不韋說：「現在秦王老了，太子安國君眼看要繼承王位。我聽說安國君的正夫人是華陽夫人，按慣例只有她的兒子才有資格立嗣子，但她卻沒有兒子。你們兄弟一共 20 多個，你排行在中間，並不受寵愛，又長久地在外面作人質。一旦大王死後，安國君繼立為王，你是沒有機會與日日在父王眼前的兄弟們競爭太子之位的。」子楚說：「是的，那麼該怎麼辦呢？」呂不韋回答：「你很窮，在此作客，拿不出什麼東西奉獻給親戚和結交賓客。我雖然也不富裕，但還是願出千金為你效力，代你去秦遊說，讓安國君和華陽夫人立你為嫡嗣。」子楚聽完這番話，跪地叩頭說：「如果一切按你的計策而成功，我當政後，願分撥秦國的土地與你分享！」於是呂不韋送 500 金給子楚，讓他用於結交賓客擴大影響力，自己以 500 金買了珍奇玩物，攜帶著赴秦國去遊說華陽夫人。

到了秦都咸陽，呂不韋先去見華陽夫人的姐姐，將其買通。請她把自己備下的珍奇玩物獻給華陽夫人，讓她在華陽夫

人面前誇讚子楚是個聰明有才能的人，結交的諸侯賓客遍布天下，而且身在異國為人質，日夜傷心思念父王和夫人，視夫人為自己的生身之母。華陽夫人收下厚禮，又聽到上述一番話，十分高興。她姐姐趁機進一步勸她說：「聽說用美色來侍奉人的女人，一旦美色衰盡，寵愛也會隨之減少。現在妳侍奉太子，甚受寵愛，卻無親生之子，何不在眾兒子中及早籠絡有才能又孝順妳的人，推舉他立為嫡嗣，這樣丈夫在的時候，妳受尊重，丈夫百年之後，兒子繼立為王，妳仍有依靠，終生不會失勢。這就是所謂一言而能得萬世之利的事情。在榮寵風光之時不趕緊辦完根本大事，等到美色衰盡，寵愛減少之後，就是想多說一句話，也沒有可能了。現在子楚既賢且孝，但卻是排行在中間的男孫，依例不得立為嫡嗣，他的母親又得不到寵愛，所以他想依附於夫人妳。妳若真能趁此時幫助他立為嫡嗣，可就終生有了依靠。」聽了姐姐這番提醒勸告，華陽夫人認為非常有道理，便立刻去向安國君求情。安國君向來依從她的願望，也就答應了請求，立子楚為嫡嗣，並把這一決定刻在玉符上作為日後的憑證。安國君和華陽夫人還送了很多東西給子楚，並請呂不韋回趙後全力輔助他。

▌桃色交易

呂不韋回到趙國後，經常與子楚一同飲酒，謀劃政事。不久，秦趙之間發生了長平之戰。

　　長平大戰期間，異人自然無法飛越戰場返回秦國。而在長平戰後，秦軍緊接著就向趙國首都邯鄲逼進，趙國國王也就改變主意，禁止異人回國。

　　異人不能回國，無可奈何地在邯鄲混日子。呂不韋也在邯鄲替異人尋找機會逃出趙國。就在這期間，呂不韋和異人又成交了一筆生意：

　　呂不韋在邯鄲，早選中了一個姿容豔美又善舞的年輕女子與其同居 —— 這女人的名字，可惜現已不可考，姑且稱她為邯鄲姬吧！有一天，邯鄲姬告訴呂不韋說，自己已經懷孕，肚子裡有了呂不韋的孩子。呂不韋聽到後，立刻計上心來，當晚就請異人到自己和邯鄲姬的住宅飲酒。

　　貪杯好色的異人得知呂不韋宴請，當然欣然赴約。這一次不同以往，在宴席間不僅有美酒佳餚，還有一位妖冶、風流、豔麗動人的少婦陪伴飲酒。大概第一眼看到這位美人，異人的魂就被勾走了。幾杯酒下肚，更不能自持，仗著酒膽，也未及問清楚這女人和呂不韋的關係，就起來向主人請求：「把這個美人贈給我吧！」異人涎著臉，無恥地向呂不韋提出要求。

　　「豈有此理！」呂不韋心中暗自欣喜，但表面上卻裝出一副生氣的樣子，呵斥他道：「這是我的姬妾，你如此無理，我決不饒你。」說著就裝模作樣地要與異人拚命、絕交。異人嚇得連連請求寬赦，但好色之心仍促使他死皮賴臉地向呂不韋要這個美人。

「既然我已破產棄家為你奔走，也沒什麼捨不得的了！」經過一番拿捏，呂不韋最後以無可奈何的口氣嘆道：「既然你喜歡她，我就送給你了。」

呂不韋的「慷慨」、「大度」幾乎使色迷心竅的異人感激涕零，恨不得跪下來給他磕幾個響頭，心中充滿感恩之情，歡歡喜喜、心滿意足地把那位風流、標緻、肚子裡懷著呂不韋孩子的邯鄲姬接回了住處。在烽火連天的邯鄲城裡過起「恩愛夫妻」的生活了。

這是呂不韋的又一筆投資，它的效益要在異人下一代國君身上收回。

呂不韋在邯鄲一面與異人做著風流的生意，一面緊密注視奏、趙間戰局的發展。

長平大戰之後，被白起有意放回的士卒倉惶逃進邯鄲。他們拖著殘廢的身子向人們描述著四十萬趙軍被活埋的殘酷一幕，消息一經傳開，趙國首都一片驚惶，舉國一下進入備戰狀態。對於呂不韋來說，這種形勢則是喜憂參半，喜的是秦軍戰勝，於將來稱王的異人無疑有利，憂的是當前趙國失敗，當然不可能輕易放歸異人。而異人的命運就是呂不韋的命運，他自然不能不以全部精力關注著秦、趙的戰局。

不過不管形勢如何緊張，異人依然過著花天酒地的日子。自娶了邯鄲姬之後，守著妖冶的美人，這個花花公子在外尋歡

作樂的時間似乎少了一些。一年以後，西元前 259 年（秦昭王四十八年）正月，邯鄲姬生了一個兒子，取名為「政」，稱嬴政。因生在趙國，又名趙政。他就是後來的秦始皇。當然，異人想不到這個「政」居然是呂不韋的兒子。

人生轉折

當秦軍進攻邯鄲之時，趙國就對異人加緊控制。到秦昭王五十年，趙雖不斷挫敗秦軍進攻，但終不能使秦撤兵。在秦軍進攻之下，趙孝成王決定殺掉異人洩憤。幸虧趙國內部發生矛盾，使趙孝成王殺異人之念遲遲未能兌現。呂不韋給的錢使異人在趙結交的賓客發揮了作用，在趙王還沒有來得及殺死異人之前，消息就傳到異人和呂不韋耳中，他們知道邯鄲已不能再停留，決定伺機逃走。呂不韋在關鍵時刻出謀並祕密活動，拿出六百金賄賂監視異人的趙國吏卒。果然，錢在關鍵時刻充分發揮了作用，拿到錢的趙國吏卒痛快地將異人放走。

異人得到逃走的機會，也顧不上美麗的邯鄲姬和幼小的兒子，匆匆忙忙地離開趙國的監管地，飛快地與呂不韋溜出邯鄲城，投向秦軍駐地。幸好秦軍與趙軍暫時處於休戰狀態，秦軍前線將領就令人護送異人和呂不韋回到秦國首都咸陽。趙王得知子楚逃走，大怒，又想殺死趙姬和其兒子洩憤，但趙姬母子事先已藏匿起來，免於一死。

呂不韋陪著異人歷盡千辛萬苦、擔驚受怕，惶惶如漏網之魚地回到咸陽，第一要務就是見華陽夫人。這時，異人與自己生母夏太后雖也多年不見，而且她也在宮內，但因她不受寵仍在冷宮備受淒涼。呂不韋和異人也顧不上那麼多，對她只是置若罔聞，首先要向有權有勢的華陽夫人討好。

有華陽夫人的厚愛，子楚身為安國君的太子的地位當然也更加鞏固。原先令華陽夫人擔心的子傒，繼承王位的可能性也愈來愈小了。在趙國充當人質的落難公子異人，終於在呂不韋的導演下回到咸陽的宮中。

華陽夫人對子楚有好感，認為他聰明好學，不斷在安國君面前誇獎他。

在華陽夫人的趁機慫恿下，安國君最後終於下定決心：宣布子楚代替子傒的地位，成為太子。

從此，異人便心安理得地在宮中等待。他要等著年老的秦昭王死後，把王位讓給父親安國君。然後再等安國君死後，自己登上王位。雖說這個目標似乎有點遙遠，但異人信心十足，因為當時的王位是年邁的爺爺昭王坐著，而尚未即位的父親安國君就已四十七歲。誰都看得出，安國君即使登上王位，這個淫佚成性的王儲也不會在國王的位子上坐得長久。憑異人比較年輕這一條件，等待是大有希望的。但最盼望異人取得秦國王位的還是呂不韋。他所有的投資都是靠異人登上王位才能收

回。是一本萬利還是輸個精光，關鍵在於異人的即位，所以，在異人漫長的等待期間，呂不韋一定是左右不離地守著他的「奇貨」，共同度過那焦灼、難耐的時光。

6 年之後，秦昭王去世，太子安國君即位，立華陽夫人為王后，子楚為太子。趙國為與秦國交好，便把子楚的夫人和兒子送回秦國。安國君即位不久便去世了。太子子楚登上王位，即秦莊襄王。呂不韋殫精竭慮扶持子楚的目的終於達到了。

▌入秦為相

莊襄王即位後，尊華陽夫人為太后，並遵守他對呂不韋許下的諾言，拜呂不韋為丞相，封他為文信侯，食邑河南、洛陽 10 萬戶。從此，呂不韋開始掌管秦國軍政大權，成了名副其實的商人政治家。

莊襄王即位僅兩年有餘就去世了，接替王位的是趙姬所生的嬴政。秦王政初立時年僅 13 歲，拜呂不韋為相國，尊稱他為「仲父」。由於秦王嬴政年幼，所以到秦王嬴政九年（西元前 238 年）他長大親政為止，這段時間實際上是呂不韋在當政，執掌著戰國七雄之首秦國的所有權力。一個商人取得這樣的地位，這在先秦歷史上是絕無僅有的。

呂不韋本是富商，貴為相國後，更是富可敵國，僅家中僮僕就有萬人之多。他還跟隨當時貴族養士的風氣，用錢財廣招

天下賓客，羅致食客 3,000 人，並組織賓客中有學問者，合編出一部綜合性的學術鉅著《呂氏春秋》。該書被視為雜家的代表作。呂不韋這樣做，大概也有以學問靠攏士人之意，想借此改變自己因出身商賈而帶來的卑賤的社會地位，使自己顯得像個真正的貴族。

呂不韋執政期間，繼續執行秦國既定的兼併天下的方針。他以李斯為謀士，蒙驁、王齕等為將軍，蠶食諸侯土地。他曾親率大軍討滅東周，使周王朝徹底滅絕。他還派蒙驁、王齕等人率軍攻打魏、韓、趙諸國，屢戰屢勝，並粉碎了各諸侯國的最後一次合縱，為後來秦王嬴政最終消滅六國掃除了障礙。與此同時，呂不韋也加強了政治攻勢，用各種手段從內部瓦解各國鬥志，從而加速了秦國對各國的軍事占領。可以說，在統一的過程中，呂不韋是有舉足輕重的作用的。

呂不韋居相位十餘年，獨攬秦國軍政大權。當時秦王嬴政年齡尚小，無法親政，只能依賴呂不韋。等到秦王政九年（西元前 238 年），嬴政行了冠禮代表已經長大成人，他要親理政事了。一個有雄心大志的君主，是不會甘心長期受人擺布的，而且嬴政早就看不慣呂不韋的某些作為了，於是兩人不可避免地產生了矛盾。

早在嬴政年幼時，呂不韋就時常與太后（趙姬）私通。隨著嬴政逐漸長大，呂不韋怕自己與太后的私情被他發現，引來災禍，就從門客中選了一個叫嫪毐的壯漢來代替自己，讓他假裝

太監，入宮服待太后。嫪毐得到太后寵幸後，被封為長信侯，開始干預政事。嬴政對此很不滿，因嫪毐是呂不韋的門客，這種不滿就轉移到呂不韋身上，從而加速了他與呂不韋之間矛盾的激化。秦王嬴政九年，有人向朝廷告發嫪毐不是太監，且常常與太后私通。嬴政得到報告後，準備治嫪毐的罪。嫪毐知道自己處境危險，搶先發兵叛亂，結果被早有防備的嬴政一舉撲滅。這件事自然要牽扯到呂不韋，嬴政殺戮完嫪毐的三族，本想把呂不韋也一同除掉，但又顧念呂不韋侍奉先王功勞很大，而且還有不少人為呂說情，就暫且放過了他。一年之後嬴政免去了呂不韋的相位，命他離開咸陽，遷居到其封地洛陽去。

呂不韋到洛陽後，由於他過去的聲望和影響，引來各地諸侯、賓客、使者絡繹不絕地上門拜訪。如此過了一年，呂不韋的人脈甚廣，周圍又聚集起很多人。嬴政擔心他會利用自己的特殊身分東山再起，成為禍患，下令把呂不韋和家屬流放到蜀地（今四川一帶）去。呂不韋知道自己已窮途末路，就飲鴆酒自殺身亡。

一、先秦名商

二、明清名商

沈萬三財權聯姻

精於理財

沈萬三（西元 1317 ～ 1372 年）是江南地區一個家喻戶曉的大富翁，但關於他的身世與經歷，比如他是如何成為江南首富，為何遭禍而流放雲南邊陲。至今還是困惑難解的謎。各式各樣的傳說與軼聞，為這個民間財神般的人物平空添了幾分神祕莫測的色彩。

我們還是先來看看沈萬三的身世。沈萬三本名沈富，生於西元 1317 年。據《周莊鎮志》記載，沈萬三原籍不在江蘇省，而是在百里之外的太湖南岸浙江吳興（今湖州）南潯的一個名叫沈家漾的小村子裡。元至順元年（西元 1330 年），沈萬三之父沈佑舉家由沈家漾遷居至時屬平江路（今蘇州）長洲縣的周莊東垞。明洪武二十年（西元 1387 年）崑山人盧禾員為沈萬三之孫沈莊撰寫的墓誌銘中敘及：「其先世以躬稼起家。曾大父佑，由南潯徙長洲，見其地沃衍宜耕，因居焉。」可見，沈氏在南潯居住時僅是以躬稼為業的農民，因家鄉生活困苦，迫不得已之下，才流徙至長洲定居安家的。

下面我們再來看看沈萬三的家族世系。

沈佑，沈萬三之父。《周莊鎮志》卷四云：「（沈富）父佑元季由湖州南潯鎮徙居鎮之東垞，以躬耕起家。」可見，沈氏家

族在沈佑一輩中尚是勤儉耕種的農家，並沒大富。由於沈佑是個耕作高手，把別人不要的「汙萊之地」收進來，精耕細作，合理施肥，糧食豐收，家境由此好轉。沈佑生有沈富與沈貴兩個兒子。

沈貴，沈萬三之弟，《周莊鎮志》云：「沈貴字仲華，以萬三之弟故稱萬四，初居東坨，繼遷白蜆江濱之黃墩港。」兩人雖是親兄弟，但秉性志趣卻迥然不同。沈萬四瀟灑超脫，愛好藝術，曾跟從著名藝僧溫日觀學習書法，深得其飛白書體之精髓，並有多件書法作品傳世。他見其兄萬三痴迷於經商斂財，曾作詩勸阻：

錦衣玉食非為福，檀板金樽可罷休。

何似子孫長久計，瓦盆盛酒木棉裘。

可萬三並沒有領會其詩中的禪意，照常忙於斂財。沈貴仰天長嘆，自覺禍不可免，遂隱跡於終南山，「不知所終」。傳說他在萬三流放後看破紅塵，遁入空門，唸經作畫，了此餘生。他生有兩子，長子叫沈德昌，次子叫沈漢傑。

元末沈佑、沈萬三父子由湖州南潯遷移入籍到東坨村，人丁始盛，遂成市鎮，取名周莊。《周莊鎮志》卷二云「周莊以村落而闢為鎮，實沈萬三父子之功。當時鎮西半皆墓地。人煙所萃，惟嚴字一圩。其東南隅曰東坨，萬三住宅在焉。西北半里許即東莊地及銀子浜，倉庫、園亭與住宅互相聯絡……」明人楊

循吉曾到過周莊東南沈萬三的住宅遺址,在《蘇談》中談及:「沈萬三家在周莊,破屋猶存,亦不甚宏壯,殆中人家制耳。」顧震濤也認為:「元沈萬三宅在周莊,甚小。」可見,沈萬三確實不像大多數土財主,有錢就大興土木,置田購地,把活錢變成死錢,他具有很高明的理財才能,大多數資本都在外面周轉,在多種生意上賺取更多的利潤,使財富不斷增值,這就是他能成為江南首富的原因之一。

位於周莊鎮南市街的沈廳是明代初年江南首富沈萬三晚年的居所,盤桓其中,的確可以感受到一個貧窮的移民家庭傳奇般地轉變為江南首富家族的那種恢宏的氣度與高瞻遠矚的理財頭腦。

迅速致富

元末沈萬三之父沈佑為生計所迫,舉家由湖州遷居長洲時,只是一個貧困潦倒的農民。但在沈萬三的經營下,短短數十年間就成了天下聞名的「江南第一富豪」,連身處深宮的馬皇后也說他「其富敵國」,可見他的鉅富是世人皆知的。那麼沈家是如何由一個貧窮的移民家庭轉變成江南首富家族的呢?

沈萬三迅速致富的首要方式是地租和高利貸。

弘治本《吳江志》載,陸道源「悉以田產送沈萬三家」,而沈氏家族也趁元末戰亂頻仍,土地關係發生變化之機,將一部分

失去業主與佃戶的田地占為己有，並進一步兼併土地，最後擁有了數千頃良田。因此在沈氏的收入中，有一部分應是地租收入，而且數目不小。

另外，沈萬三還從事高利貸經營，明人董谷《碧里雜存》上載：

沈萬三秀者，故集慶富家也，貲鉅萬萬，田產遍天下，余在白下，聞之故老云，今之會同館即秀之故基也。太祖高皇帝嘗於月朔召秀，以洪武錢一文與之，曰：「煩汝為我生利，只以一月為期，初二日起至三十日止，每日量一對合。」秀忻然拜命，出而籌之，始知其難矣。蓋需錢五萬三千六百八十七萬零九百一十二文，今按洪武錢每一百六十文重一斤，則一萬六千為一石，以石計之亦該錢三萬三千五百五十四石四十三斤零，沈雖富，豈能遽辦此哉。聖祖緣是利息只以三分為率，年歲雖多，不得過一本一利，著於律令者此也。

連朱元璋都讓沈萬三以錢生息以定利率，可見沈是當時的大高利貸者是非常可能的。況且在元代，高利貸是非常盛行的，詩人元好問稱之為「羊羔兒息」，認為它「歲有倍稱之積，如羊出羔」。兼營獲利頗豐的高利貸是沈氏家族暴發致富的一條捷徑。

此外，沈萬三也還以通番貿易來致富。如《吳江志》載：「沈萬三秀有宅在十九都周莊，富甲天下，相傳由通番而得。」

江蘇由於地處東南沿海，民間通番經商活動，古今不息，

元末時期，正是通番商道異常活躍時期，眾多商賈均涉足其中，身為「江南首富」的沈氏家族，又地處水陸交通十分便利的周莊鎮，從事大規模的通番貿易，以獲取暴利，也是情理中事。另外，孔邇在《雲蕉館記談》中談及沈萬三「乃變為海賈，走徽、池、太、常鎮豪富間輾轉貿易至金數百萬，因以致富」。可見，沈氏家族的海外貿易是與國內貿易相互結合進行的，而且從透過貿易活動積聚的數百萬資財來看，海內外貿易是沈氏家族發跡致富的主要途徑。

透過全面分析沈萬三家族生活的歷史背景與江南地區的經濟地理環境，可以推斷沈氏家族成為「江南第一富戶」經過了三個階段：第一階段，沈氏遷居周莊鎮，躬耕有方，勤勞力穡，奠定了沈家的基業；第二階段，沈家透過兼併土地，逐步擁有了數千頃沃田，每年都有數目不菲的地租收入，並大量發放高利貸牟取暴利，使沈家財富迅速累積、急驟擴張；第三階段，利用江南便利的水陸交通及活躍的貿易市場進行大規模的海外、國內貿易，使沈萬三最終成為「江南首富」。

▌尋找靠山

在沈氏家族從貧窮的農業移民家庭成為「元季第一富戶」的傳奇過程中，張士誠是一個具有至關重要作用的人物。

張士誠，小名九四，泰州白駒場（今屬江蘇大豐）人，私鹽

販子出身。在元朝，由於實行食鹽國家專營，私販食鹽可以獲取暴利，但它觸犯了元朝刑律，被逮住就要受到嚴厲的懲罰。在從事這種危險的行業中，張士誠多次被元朝軍士抓獲，遭到非人的凌辱，又與當地豪強地主結下怨仇，發生衝突，以至弄得無處容身。

恰好此時，元末紅巾軍起義風起雲湧，撼動了元朝的統治根基。亂世出英雄，張士誠大受鼓舞，於是就在元至正十三年（西元 1353 年）正月，毅然與弟士德、士信率鹽丁揭竿而起，殺了「所仇富豪及弓兵丘義」，起兵反元。由於當時元朝統治者腐朽昏庸，廣大百姓苦不堪言，紛紛加入到張上誠的起義軍中，起義軍的主體力量是窮苦鹽民與貧困農民，戰鬥力較強，幾次打敗廠元王朝丞相脫脫統帥的數十萬大軍的征剿，起義軍力量迅速壯大起來。到西元 1356 年，張士誠起義軍已先後占領了泰州、興化、高郵、常熟、湖州、松江、常州、平江（蘇州）等江南富庶地區，開闢了自己的地盤，穩住了陣腳。西元 1365 年，張士誠在攻占蘇州後，就改平江府為隆平府，宣布建立大周政權，改元天佑年號，自稱誠王，以承天寺為王府。次年降元，受封為元太尉。後來又趁亂世擴占土地，割據範圍南至浙江紹興，北到山東濟寧，西到安徽北部，東到東海。

張士誠在蘇州建立的大周政權，開始還有所作為，頒布了一些有利於江南農工商業發展的舉措，並對江南豪強勢力採取扶持拉攏利用的政策，從而受到廣大江南地主世閥的擁戴。在

農業上，他積極興修水利，獎勵農民開墾荒地，並免賦一年。他還提倡養蠶煮繭，興辦紡織業和手工業，發展採礦冶煉業。

在張士誠統治下，江南地區經濟在歷經元末戰亂後，又迅速發展恢復起來。

張士誠在蘇州稱王後，已從一個農民起義領袖轉化為割據江南的封建地主階級利益的維護者。他意識到，「吳中富庶，可以立國」，沒有江南豪強地主勢力的支援，偏居一隅的大周政權是維持不下去的。因此，當時江南地區兼併成風的大土地所有制，在大周政權之下，安然無恙地得到庇護和發展。如大地主曹夢炎「積粟百萬，富甲一方，郡邑官又為之驅使」，「願以米萬石輸官，祈免他徭」，口氣之大，令人咋舌。有的大地主一年收穫的糧食多達百萬斛，張士誠也沒去觸動一根毫毛。對身為江南新興地主勢力代表的沈萬三，張士誠大力加以保護與扶持，而沈萬三也對張士誠大周政權的統治給予了積極支援與資助，兩人結成了政治與財富聯姻的特殊關係。

首先，以沈萬三為代表的江南豪強地主勢力曾數次出巨資犒賞張士誠的軍隊，解決其巨大的軍費開支，這使得沈萬三與張士誠的關係密切起來。

其次，沈氏家族支援張士誠降元的策略，並利用自己從事海外貿易的航海經驗，祕密地幫助張士誠由海道運糧至元大都，每年多達十幾萬石。元至正十九年（西元 1359 年）張士誠設宴款待元特使兵部尚書伯顏等一行，沈家對其歌功頌德，花

費巨資鐫碑刻石以紀其事，並把這座張士誠紀功碑像放置在北寺石家堂存放至今。

再次，陰太山在《梅圃餘談》中載：「張士誠稱王，勒萬三資犒軍，又取萬三女為妃。」由此看來，張士誠還是沈萬三的女婿。這應該是一樁權勢與財富聯姻的婚事，雙方都出於自身利益的考慮，相互利用，相互拉攏，結成了強大的利益同盟，大周政權是雙方共同的保護傘。

由於沈萬三家族的鼎力相助，張士誠自然也給予沈氏種種經營特權與優惠條件，加速沈氏家族聚斂財富的過程。可以想見，沈氏家族在這一時期定是大大拓展了其海外貿易業，同時也向大周政權的主要商埠常州、蘇州等地進軍，大量投資於房地產業，使沈氏家族的資產迅速地增值。在和大周政權各級官府的交往中，沈萬三也用送禮、請客、賄賂等公關手段，討好權力執行部門，以獲取超額的商業利潤。

在張士誠統治期間，沈萬三是如魚得水，充分發揮了高超的理財本領，聚斂起驚人的財富，從一個鄉村的大地主兼高利貸者一躍成為海內外貿易、房地產、地租、高利貸、絲綢業等多元經營的「元季第一富戶」。張士誠實行的政策，非常有利於以沈萬三為代表的江南豪強地主勢力的利益，因此，江南地主勢力對張士誠的統治也給予實質的支援。當朱元璋大軍壓境、兵臨城下之時，一些豪強世族還糾集族人助張死守。江南豪強勢力對張士誠的支援，成為朱元璋竭力要剷除這異己力量的理

由，而沈萬三在大明王朝建立後，還是像巴結拉攏張士誠那樣對待朱元璋，以圖建立特殊關係。結果事與願違，逃脫不了流放沒產的命運，萬貫家財灰飛煙滅。

▋ 在劫難逃

元文宗天曆元年（西元 1328 年）九月丁丑，朱重人（後名興宗，即元璋）出生在安徽濠洲（今鳳陽）一個叫孤莊的小村子裡。他父親叫朱五四，家裡很貧寒。西元 1344 年，當地遭了旱災，朱家五口人死了三口，只剩下朱五四的二兒子重六與小兒子元璋還活著。無奈之下，朱元璋只好到村西南的皇覺寺當了小和尚混口飯吃。

這時，各地民眾紛紛起義反抗元王朝的殘酷統治，劉福通在河南潁州起義，一下子發展到十幾萬人，彭瑩玉、徐壽輝在湖北蘄春、黃岡一帶發動起義，占領了湖北、江西的廣大地區。

元至正十二年（西元 1352 年），25 歲的朱元璋離開皇覺寺，到濠州參加了郭子興的起義軍，由於有勇有謀，能幹勤勉，為郭子興所賞識，視為心腹。朱元璋由此起家，漸漸開始統率軍隊，於西元 1356 年攻下集慶（今南京）。後又相繼消滅了陳友諒、張士誠、方國珍等地方割據勢力，占領了南方的大片土地。西元 1368 年正月，朱元璋稱帝，國號大明，建元洪武，建都應天府。

朱元璋建立明朝後，開始著手社會經濟的恢復工作。由於他出身貧寒，對地方豪強勢力兼併土地、蠶食民利的危害具有深刻的認知，認為「富戶多豪強，故元時，以此欺凌小民，武斷鄉曲，人受其害」，故而採取了一系列措施打擊地方豪強勢力。而豪強勢力最為集中並曾全力支援張士誠大周政權的江南地區就成了朱元璋打擊的首要目標。

傳說朱元璋剛當上皇帝，就吟出了一首暗含殺機的打油詩：

百僚未起朕先起，百僚已睡朕未睡。
不及江南富家翁，日高丈五猶堆被。

這首打油詩未曾公開，只在官僚及民間的小範圍內流傳，其中已可聽到霍霍的磨刀聲，對江南豪強勢力欲予打擊清算之意已露端倪。果然，兩年後，洪武三年，聖旨突降，強遷數萬戶江南「奸頑豪富之家」移居鳳陽。這些江南富戶措手不及，被迫遷往朱元璋家鄉鳳陽定居，淪為一介貧民！洪武二十四年、洪武三十年又曾數次徙天下富戶於南京。江南富戶被連根拔起，消滅殆盡。明初的貝瓊在《貝清江集》卷十九中云：

三吳巨姓享農之利而不親其勞，數年之中，既盈而覆，或死或徙，無一存者。

身為江南首富的沈萬三透過與張士誠的交往，洞悉了權力與金錢的孿生關係。他認定無論哪一個統治者，金錢都是他們權力機器上必不可少的潤滑油。於是，他一心一意地準備與朱

元璋建立權力與金錢的奇妙關係，讓財富累積得更快更多。

當朱元璋占據江南地區成為定局後，沈萬三領銜率兩浙大戶向朱元璋大軍繳納稅糧萬石，以表示對朱元璋統治的全力支援。另外沈萬三還獻納了 5,000 兩白金供朱元璋使用。他看準朱元璋連年征戰，耗費巨大，這時向他捐獻鉅額款項及稅糧，定能引起朱的重視與好感。

另外，沈萬三在得知朱元璋建造京師城牆面臨資金不足的困難時，主動提出「助築都城三之一」。據田藝蘅《留青日札》卷四載，沈萬三所築範圍，「自洪武門至水西門」，包括正陽門（今光華門）、通齊門、聚寶門（今中華門），共計長 10 多公里，約占全城的 1/3。為了討好朱元璋，沈萬三自然是傾巨資出全力將城牆造得又快又好，提前三天完工。而朱元璋的態度呢？據孔邇《雲蕉館紀談》記載，太祖酌酒慰之日：「古有白衣天子，號曰素封，卿之謂矣。」然心實不悅也。

還有，當沈萬三得知朱元璋準備犒勞大軍時，就慨然提出自己出巨資代為犒勞。結果呢，田藝蘅《留青日札》有這樣的話，「上曰：『朕有軍百萬，汝能遍及乎？』萬三曰：『每一軍厚犒金一兩。』上曰：『此雖汝好意，然不須汝也。』由此遂欲殺之。」《明史·后妃傳》的記載更是明確，「帝怒曰：『匹夫犒天子軍，亂民也，宜誅之！』」

由此可見，儘管沈萬三不惜重金巴結拉攏朱元璋，以求與

他建立密切的關係。但朱元璋一點也不領情,反而更加顯露了他心中的殺機。自然,朱元璋因出身貧寒對沈萬三的鉅富暗懷嫉恨心理,生性多疑的稟性使他認為沈萬三是個可怕的「亂民」,都是造成沈萬三悲劇的因素,但並不是決定性的因素。沈萬三悲劇的發生,必須把它放在明初的社會經濟狀況與中央政府採取的政治經濟政策的大背景下進行考察才能有正確的解釋。

元末時期,全國土地兼併之風非常嚴重,地方豪強地主與皇親國戚、朝廷顯臣等擁有大量的土地,致使人民喪失了生存的基礎,再加上天災人禍頻仍,終於釀成了元末轟轟烈烈的農民大起義。明朝建立後,江南地區經受戰亂較少,土地兼併在張士誠統治期間繼續得到發展,廣大貧苦流民的存在(沈萬三父沈佑其實也是流民,由南潯徙居周莊)是社會不安定的重要隱患,對京師應天府是個不小的威脅。可以說,任憑江南豪強勢力發展下去,對大明政權來說不是件好事。況且中央政府中以朱元璋、李善長、胡惟庸為代表的淮人官僚集團必然要與江南豪強地主集團產生深刻的利益衝突,打擊江南豪強勢力,為新興、掌權的淮人官僚集團開闢利益空間,就成了明初中央政府制定政治經濟政策的一個重要目標。因此開國功臣、浙人劉基和宋濂等都遭到排擠乃至獲罪,原因就在這裡。

朱元璋對地方豪強勢力兼併土地、欺凌鄉民的危害性有著深刻的了解,對江南地主曾全力支援張士誠政權懷恨在心。因此,明初中央政府採取了一系列極為嚴厲的措施以求徹底剷

除之。

首先，在洪武三年，強徙江南民眾十四萬戶於鳳陽，其中江南富戶與豪強地主占了很大比例。此後又兩次徙天下富戶充實京師。

其次，雖然江南豪強地主集團對大明王朝建立少有定鼎之功，但由於明初統治重心在江南，他們憑著自身的雄厚實力與影響力已滲透進統治權力機構的各個階層。明初爆發的多次巨案如「胡藍之獄」、「空印案」、「郭桓貪汙案」、「金炯案」等都捲入了不少江南豪強大戶，朱元璋採取的嚴苛刑罰使江南豪強勢力吃盡了苦頭，沈萬三的女婿顧學文及曾孫沈德全就因連坐胡藍黨禍而被凌遲處死。

再次，明初統治集團採取籍沒富戶田地及加倍徵收田賦的措施控制了江南地區的經濟命脈，從而遏制了江南豪強勢力的再度興起。《明史‧食貨志》載：「惟蘇、松、嘉、湖，怒其為張士誠守，乃籍諸豪族及富民田以為官田，按私租簿為稅額。而司農卿楊憲，又以浙西地膏腴，增其賦，畝加二倍。故浙西官、民田，視他方倍蓰，畝稅有二三石者。大抵蘇最重，松、嘉、湖次之，常、杭又次之。」顧炎武統計，洪武初，蘇州七縣共抄沒田地 16,638 頃轉為官田，浙江與蘇、松、常一藩三府，糧額 732 萬餘石，占全國田賦的 1/4。

在朱元璋刻意打擊江南豪強地主勢力的背景下，身為江南

富戶的沈萬三自然是首當其衝，終於因「犒軍」獲罪流放雲南，後於西元 1372 年在那裡去世。

同時，沈萬三的鉅額資產也全被籍沒入官，他一生聚斂起的數不清的房產田地、金銀珠寶等等全都瞬刻化為煙雲。據《梅圃餘談》云：「沒其資，得二十萬萬，田抄沒，收數千頃，國庫由此大充。」這一次抄沒沈萬三家產的金額（高達 20 億兩白銀）也許只有清嘉慶皇帝時對和珅進行抄家所得收入可以相比，真可謂是「萬三跌倒，元璋吃飽」了。

「禍兮福所倚」，沈萬三的一生雄辯地說明了這一點。財富運用不當便會成為災禍的根源，沈萬三用金錢開路，一擲千金，奢侈揮霍，在張士誠統治期間如魚得水，這一伎倆屢屢得手，從而擁有了億萬家財。但他用老辦法去結交新的統治者朱元璋，卻弄了個頭破血流的結局，令人慨嘆世事的無常與冷酷。

鄭芝龍壟斷貿易

迅速起家

鄭芝龍（西元 1604 ～ 1661 年）是明末著名的海盜、海商。他小名一官，字日甲，號飛黃（或稱飛虹），福建南安石井人。生於西元 1604 年，1661 年被殺。他一生中既經商獲厚利，成為鄭氏海商集團的重要人物；又先後就撫於明廷和清廷，在政治、

軍事舞臺上扮演過顯赫的角色，產生了重要影響。

　　鄭芝龍出生於小官吏之家，父親鄭紹祖曾做過泉州庫吏。鄭芝龍少年時頗為聰敏，但「性情蕩逸，不喜讀書，有膂力，好拳棒」。他所生活的東南沿海是個海商輩出的地方，其母舅黃程就是個經常來往於日本、廣東之間的著名商人，其母黃氏也是個很有經商才能的婦女。在這種環境的薰陶影響下，鄭芝龍從小就對經商有濃厚的興趣，總想自己也有機會顯顯身手。

　　明天啟元年（西元 1621 年），17 歲的鄭芝龍到廣東香山澳尋母舅黃程。香山澳當時是中外貿易中心，商賈雲集，店肆林立，繁華非常。黃程見外甥到來十分高興，便留他做經商的幫手，還讓他接受了天主教洗禮，取教名為尼古拉（一說為賈斯帕）。鄭芝龍的海商生涯從此開始了。他先後在澳門、馬尼拉等地從事過貿易，還在臺灣替荷蘭海商做過事。在與中外商人的廣泛接觸中，他學會了葡萄牙語和從事海上貿易的實際知識，為後來廣泛開展海上貿易活動打下了基礎。

　　天啟三年（西元 1623 年），黃程有一批白糖、麝香等貨物搭載著名海商李旦的船去日本販賣，派鄭芝龍隨船押送。到達日本後，鄭芝龍在平戶娶了日本女子田川氏為妻，次年生下一子，即鄭成功。在日本逗留期間，鄭芝龍與李旦海商集團建立了親密關係。

　　李旦是日本平戶的華商領袖，擁有大批船舶，專門從事日本、臺灣、福建沿海之間的貿易活動，並不時率手下的武裝商

船配合國外海盜滋擾大陸沿海，被明廷稱之為「海賊」。鄭芝龍依附李旦後，很快取得信任，被收為義子。不久李旦去世，鄭芝龍便繼承了李旦的大部分財產和部眾。也有記載說是鄭芝龍巧取豪奪了李旦的遺產。不管具體情形怎樣，總之李旦的大量資產、船舶和部眾確已落入鄭芝龍手裡，從而構成了鄭氏海商資本的重要來源之一。

鄭芝龍海商資本的另一個來源是接收顏思齊海商集團的財產。顏思齊是福建海澄人，亦在日本組織了海商集團。鄭芝龍在日本加入這一集團不久，他們進據臺灣作為基地，招漳州、泉州無力之民 3,000 餘人，進行海上貿易和劫掠活動。在此期間，鄭芝龍參與了把盤據澎湖列島的荷蘭人從澎湖運送到臺灣的活動，為荷蘭駐臺灣長官迪·韋特擔任翻譯。天啟五年（西元 1625 年），顏思齊在臺灣染病身亡，鄭芝龍繼任集團首領。從此，鄭芝龍擁有了李旦、顏思齊兩支海商集團的資財與部眾，初步形成了自己的海商資本，開始獨立活動於福建沿海一帶，進一步招兵置船，擴大實力。

此時正逢福建連年大旱，災民甚眾，鄭芝龍乘機劫富濟貧。他每到一地，就讓當地富人助餉，稱之為「報水」，從不胡亂殺人。饑民聞知鄭芝龍樂善好施，為求活路，紛紛投靠於他，使他得以聚眾數萬，其所擁有的船隻也從數十艘迅速增加到上千艘。同時他屢次侵襲漳浦、海澄、廈門、金門等地和廣東沿海地區，數次與明軍作戰，海戰必獲勝，勢力更加壯大。

到崇禎初年，鄭芝龍海商集團已成為一支頗有影響力的海上商業力量。

█ 受撫剿賊

鄭芝龍海商集團雖已有較大實力，但其飛速發展，稱雄於東海，還是在鄭芝龍投靠明廷，依靠明封建政府庇護之後。

明朝末年，國內各種矛盾十分尖銳，明政府既面臨著農民大起義的浪潮，又要抵禦東北滿洲貴族的軍事進攻，所以對東南沿海群起的各路海盜一時窮於應付。雖曾組織過進剿，卻未成功。在這種形勢下，為了集中力量鎮壓國內農民起義和抵擋滿洲軍隊的進攻，明政府不得不對鄭芝龍實行招撫政策，以期藉助鄭氏海商集團的力量去平定東南沿海海盜的騷擾，解除後顧之憂。

對於鄭芝龍來說，當時海上還有楊六、楊七、李魁奇、鍾斌、劉香等海商集團。他們同鄭氏時合時離，是鄭氏海商集團的主要競爭對手。鄭芝龍為了發展海上貿易，也想借助明朝廷的力量，除掉這些競爭對手，以達到壟斷海上貿易的目的。所以，他早已有心接受明朝廷的招撫，曾不時有所表露。他在與明軍作戰時，每戰勝之後，總是制止部下追擊，尤其留心不使那些明廷將領感到難堪。他曾捨棄都司洪先春、都督俞諮皋不追，獲金門遊擊盧毓英不殺。他還一再表白，說自己抗拒官軍是不得已而為

之，如果朝廷能封他一個爵位，他願為朝廷效死力，東南半壁江山從此將平安無事。他還表示要替朝廷剿滅東南沿海一帶的海盜。對於鄭芝龍的這種態度，明朝官員自然表示歡迎。

崇禎元年（西元 1628 年），在泉州知府王猷建議下，新任福建巡撫熊文燦派盧毓英前去招撫鄭芝龍。鄭芝龍於是率部投降，被明廷授與海防遊擊之職。當時，福建各地旱情繼續蔓延，饑民遍野。鄭芝龍就向熊文燦建議，由他集資，安置一部分饑民到臺灣墾荒，以解民困。熊文燦聞言大喜，欣然同意。鄭芝龍陸續招得饑民數萬，每人還給牛種銀兩若干，用船載到臺灣，墾荒種田，收穫後再向鄭氏交租。從此，臺灣島漢人激增，土地逐步得到開發。

鄭芝龍受招撫後，仍保持一定的獨立性，並非完全接受朝廷差遣。比如遼東松山一戰，明軍不敵滿洲兵的進攻而敗退，大學士蔣德琛向朝廷獻計，想調鄭芝龍以海師援遼，但鄭芝龍不願離開福建遠行，便加以拒絕，朝廷對他也無可奈何。與此同時，鄭芝龍卻藉助明政府的庇護與支援，竭力擴大自己的勢力，從崇禎元年至八年，展開了消滅異己、控制東南制海權的鬥爭。

崇禎二年（西元 1627 年），鄭芝龍發起了消滅李魁奇海商集團的戰鬥。起初，鄭芝龍與明軍協同作戰，連戰皆捷，李魁奇落荒而逃，到了廣東。在廣東海商集團的支援下，李魁奇建造了一批堅固的烏尾大船，接著率船隊回師廈門，包圍了鄭芝龍船隊。鄭芝龍焚燒了自己的船，登陸逃走，憑城自守。一

時間，廈門海面成為李魁奇橫行無忌的場所。然而李魁奇恃勝而驕，慢待下屬，鄭芝龍趁機採用離間計，唆使李的主要助手鍾斌叛離，削弱了李魁奇的勢力。緊接著，鄭芝龍統領漁兵，在同安知縣曹履泰以及鍾斌等人的配合下，突襲李魁奇。李魁奇毫無防備，倉卒應戰，被鄭芝龍打得暈頭轉向，終至全軍潰敗，李魁奇本人亦被擒。這樣，鄭芝龍取得了爭奪制海權第一回合的勝利。

消滅李魁奇集團後，鄭芝龍乘勝前進，又擊潰了楊六、楊七海商集團，斬楊六、楊七於浯州港，收其部眾，進一步充實了自己的力量。緊接著，鄭芝龍一鼓作氣，又消滅了廣東褚綵老海商集團。

崇禎三年（西元 1630 年），鄭芝龍在明政府的支援下，再戰鍾斌集團。本來在擒獲李魁奇時，鍾斌出了不少力，但他不願久居鄭芝龍之下，不久即叛去。明政府於是資助鄭芝龍堅船利炮進剿鍾斌。在泉州一帶，鍾斌中了鄭芝龍埋伏，大敗而逃，後被逼投海身亡。

在逐個消滅了上述各海商集團之後，當時在海上能與鄭芝龍相抗衡的只剩下劉香海商集團。劉香集團擁有數千人，船百餘隻，規模相當龐大，他們「殺傷官軍，橫行粵東、碣石、南澳一帶地方」。面對這個強大對手，鄭芝龍在明政府的支援下，先後經過 6 次激烈戰鬥，逐步削弱了這一集團的力量。崇禎八年（西元 1635 年），鄭芝龍大戰廣東田尾洋，向劉香集團發動了

最後總攻擊。鄭軍和明軍從四面包圍了劉香所乘的大船，奮力攻擊，劉香走投無路，舉火焚船，自己也投身火海中。劉香一死，軍中無主，該集團全線潰敗，鄭芝龍乘勝追擊，奪得大小船數十隻，斬殺和俘獲數百人，徹底剿滅了這個海商集團。

除了與國內海商集團對壘外，這一時期鄭芝龍還面臨著荷蘭海盜的侵擾，所以在剿滅各海商集團的同時，鄭芝龍也傾力對付荷蘭海盜。

荷蘭海盜占領臺灣以後，經常在海面上游弋，截奪商船，封鎖中國的對外貿易，嚴重威脅著鄭氏集團的利益。鄭芝龍一方面保持與荷蘭的商務關係，另一方面對荷蘭海盜的挑釁行為進行針鋒相對的鬥爭。早在天啟七年（西元 1627 年）鄭芝龍就撫於明廷之前，就曾與前來進攻的荷蘭海盜在福建銅山島進行了一場較量，結果是荷蘭殖民者被打得丟盔卸甲，狼狽而逃，鄭芝龍奮勇追擊，俘獲數艘荷蘭大帆船與快艇。後來在荷蘭人一再請求下，鄭芝龍又把快艇歸還給他們。不久，雙方簽訂了為期三年的沿海貿易協議。崇禎三年（西元 1630 年），鄭芝龍又與荷蘭駐臺灣長官普特曼斯訂立荷人對鄭氏船隻不得進行傷害的協議。

當然，荷蘭殖民者是不會放棄海盜行徑的。崇禎六年（西元 1633 年），荷蘭駐臺灣長官普特曼斯率 8 艘戰艦偷襲廈門，不宣而戰。廈門港內大量明軍船隻和鄭芝龍的一些船隻毫無戒備，被荷艦全部擊毀。當時鄭芝龍正在廣東，聞訊趕回，積極

備戰。不到兩個月時間，又重新聚集各種兵船 150 艘，會同閩粵水師，迅速發動反擊，連戰連捷。金門料羅灣一戰，鄭芝龍大破荷艦，焚燬大型夾板船 5 隻，俘獲 1 隻，燒死、生擒大批荷蘭人，並繳獲大量武器彈藥。此役被時人稱為海上數十年未有的「奇捷」。崇禎十二年（西元 1639 年），鄭芝龍在福建湄州灣再次擊敗前來騷擾的荷蘭人，焚毀荷艦多艘。至此，荷蘭殖民者再不敢入窺閩境，不得不與鄭芝龍重新和好。崇禎十三年（西元 1640 年），雙方達成關於海上航行和對日貿易的協議，荷蘭人被迫向鄭芝龍納稅。

透過對國內海商集團的圍剿和對荷蘭海盜的反擊，鄭芝龍的勢力急劇擴大，完全擁有了東南沿海的制海權。與此同時，他也為明朝立下了赫赫戰功，因而不斷獲得晉升，從參將到副總兵，又從總兵升南安伯，再晉封平夷侯，最後封為平國公。他的家人也因此得勢，接連躋入官場。鄭氏家族可稱得上是「一門聲勢，赫奕東南」，「芝龍以虛名奉召，而君以全閩予芝龍也」。

▌富可敵國

鄭芝龍自從雄踞東南沿海後，利用自己在海上的武裝實力和明朝要員的身分，獨擅通洋巨利。他一面積極擴大海上貿易，派統轄的 3,000 艘商船穿梭往返於日本、臺灣、呂宋（今屬菲律賓）和東南亞各國之間，成為荷蘭東印度公司的競爭對手；

另一方面，又繼續向商民索取「報水」（助餉）。當時北至吳淞，南至閩粵，海船沒有鄭氏令旗不能往來。要想得到鄭氏令旗，在鄭氏武裝船隊的保護下自由航行，從事海上貿易，每船必須向鄭芝龍納金兩千。這種「每舶倒入二千金」，其實是「引稅」和「水餉」的合二而一，既發揮著海上貿易通行證作用，又是對每商索取的軍餉。這樣，鄭芝龍一年收入以千萬計，雖身為明總兵，但「十餘年養兵，不費公家一粒」，且所募之兵，都能「厚飾以養之」。

鄭芝龍不僅壟斷了海上貿易，而且田園遍閩粵，達數萬頃。每年田租收入不計其數。這裡還不包括他募饑民到臺灣墾地收租所得。鄭芝龍家財無數，富可敵國，生活上奢華無比。他曾花巨資在家鄉安平（今福建南安安海鎮）大造宅邸，只見「第宅弘麗，綿亙數里，朱欄錦幄，金玉充物」，甚至「開通海道，直至其內，可通洋船，亭榭樓臺，工巧雕琢，以至石洞花木，甲於泉郡」。他每次出遊，都帶數百隨從前呼後擁，八面威風，而且全部衣著華麗，以至讓人分辨不出主從。福建巡撫沈猶龍母親過生日時，鄭芝龍前去祝壽，進獻一株高尺餘的珊瑚，上面裝飾著珠龍金碗，沈猶龍正驚嘆不已，他又拿出一犀角所雕之樹，也是高尺餘，外表全用黃金鑄成。鄭芝龍認為，「世無君子，天下皆可貨取耳！……黃金勝百戰矣」，為了取媚邀寵，他是不惜揮金如土的。他還大肆賄賂朝臣，曾一次派人攜銀 10 萬兩進京打點。他這樣做也確實得到了很多好處，官運

亨通。官做得越大，權勢就越大，也就能更充分地保護自己的商業利益，從而使財富越積越多。他僅貯存在廈門的財富，就有「黃金九十餘萬兩，珠寶數百鎰，米粟數十萬斛；其餘將士之布帛，百姓之錢穀，不可勝計。」

▌ 輔弼唐王

鄭芝龍所處的時代，正是明王朝走向衰亡，滿清貴族代之而起的時代。崇禎十七年（西元 1644 年），清軍攻陷北京，明朝半壁江山已失。明宗室福王在南京登基，是為南明弘光政權。為了利用鄭芝龍的力量，該政權封他為南安伯，鎮守福建，還調其弟、副總兵鄭鴻逵率舟師駐鎮江防守。清順治二年（西元 1645 年），弘光政權敗滅，鄭鴻逵率舟師不戰而走。他在杭州遇見明唐王朱聿鍵，決定擁戴唐王進福建。鄭芝龍得到鄭鴻逵手書，事先將唐王在福州的住所和把守浙閩關隘等事項做了安排。唐王到達福州後，立即正式登極，改元隆武，封鄭芝龍為平夷侯，讓他執掌軍國大權。

在福州，群臣紛紛要求北伐，恢復大明江山。鄭芝龍就此提出一個龐大的軍事計畫：先用 10 萬兵力防守仙霞關外 170 餘處地方，然後再募集 10 萬兵力，當年冬天進行軍事訓練，第二年春天分兩路從浙江和江西出兵北伐。這 20 萬軍隊的糧餉，僅靠唐王所轄地區徵收的錢糧遠遠不夠，於是又按鄭芝龍的建議

募集糧餉。主要採用了 3 個辦法：一是預徵次年錢糧，每石糧先徵銀一兩。二是徵收「義餉」，即官員要捐獻一些俸祿助餉，紳商和大戶人家也必須助餉。派專人登門收取，有不交者便在其家門口寫上「不義」二字。三是賣官鬻爵。這些政策的實施，使百姓深受其苦，有些人由於不堪盤剝，甚至希望清軍早些到來。

　　儘管採取竭澤而漁的方式籌來了大批糧餉，鄭芝龍仍然以缺餉為由，遲遲不肯發兵北伐。他的這種態度引起了許多大臣不滿。首輔黃道周乾脆自請督師北上，但因鄭芝龍只撥給少量軍隊和糧餉，使他不久即兵敗身亡。看到鄭芝龍抗清十分消極，唐王只好決定御駕親征，派鄭鴻逵和鄭芝龍族侄鄭彩為正、副元帥。二將秉承鄭芝龍旨意，出征不久就稱糧餉完全斷絕，無論如何不能再前進了。對此，唐王也是無可奈何，他畢竟是在鄭芝龍勢力範圍內，依靠鄭的支援才得以登位的。沒有鄭的軍隊與財力支撐著他的政權，他是很難生存下去的。所以對鄭芝龍所為，唐王不敢加以指責。這樣一來，鄭芝龍更加目中無人，自恃擁立有功，不但在自己府中坐見九卿，入不揖出不送，就是在朝中也常常頤指氣使，群臣則噤若寒蟬。他還有意遣子鄭森入侍唐王。鄭森獲得了唐王的寵愛，被賜國姓，改名成功。從此唐王有什麼意圖，鄭芝龍總能透過鄭成功首先知道，可謂手眼通天，群臣也更不敢與鄭芝龍意見相左了。順治三年（西元 1646 年）五月，清軍南下的警報頻頻傳來，福州百

姓因局勢緊張，無心舉行傳統的龍舟競渡活動，鄭芝龍卻仍然率標營官兵在西湖鬥舟行樂。

　　鄭芝龍把持朝政之時之所以對抗清極不熱心，完全是由於把自己的商業利益置於一切之上。他聚眾起兵，並不像一般海盜那樣，僅僅為了劫奪一些財物，他投降明朝也不僅是為了謀得一官半職，而是為了藉助明廷的力量，掃除東南沿海的其他海盜，獨霸制海權，進行壟斷性的海上貿易。因此，他始終沒有放棄亦商亦盜的活動方式。隨著西元 1644 年清兵的入關，明王朝宣告崩潰，鄭氏海商集團原與明廷達成的妥協與諒解，由於中原易主、改朝換代而結束。這樣，鄭氏集團面臨了一個新問題，即與新統治者保持怎樣的關係才有利於維護自己的利益。在這一問題上，鄭芝龍與鄭鴻逵、鄭成功的看法有較大分歧。鄭鴻逵、鄭成功認為只有武裝抵抗，才能使自己的海商集團存續下去，繼續發展海外貿易。基於這種思想，他們拉鄭芝龍一同輔弼唐王。鄭芝龍卻覺得自己的力量同清軍相比差距懸殊，唐王政權又是一批烏合之眾，要想長期同清軍作戰是不可能的。為了保護鄭氏海商集團的利益，他想重走就撫招安的老路，歸順清廷，以此作為靠山。他對唐王不僅是虛與委蛇，還派人暗中與明降臣洪承疇聯絡，希望清王朝能像明廷一樣對他的既得利益加以認可保護。

　　由於鄭芝龍已有降清之念，所以當順治三年六月清軍逼近福州時，他馬上向唐王上表辭行，藉口有海盜偷襲，說如果斷

絕了海上財路，三關糧餉將無法支援，非要親自征討不可。唐
王降旨讓他稍等等，要與他同行。但旨到時，鄭芝龍已經上船
走了。拋下唐王之後，鄭芝龍又下令將鎮守關隘的官兵撤回家
鄉安平，使清兵長驅直入，不費一槍一彈地占領了福州。唐王
也在延平被清兵所執，帶回福州後遇害。

▌降清被斬

　　鄭芝龍退保安平後，手下尚有樓船五六百艘，「軍容煊赫，
戰艦齊備，炮聲不絕，震動天地」。雖有如此雄兵，但他不想抵
抗，決意降清。在與洪承疇聯絡的時候，他表示「傾心貴朝非一
日」，洪承疇和清征南大將軍博洛則許諾他一旦歸降，給以王爵
或閩廣總督職。高官厚爵的誘惑，更使他堅定了降清的決心。

　　對於鄭芝龍的投降決定，鄭成功、鄭鴻逵和平海將軍周鶴
芝等人極力反對。周鶴芝甚至想以自刎死諫。鄭成功則向父親分
析形勢，指出「閩粵之地，不比北方得任意馳驅，若憑高恃險，
設伏以御，雖有百萬，亦難飛過；收拾人心，以固其本，大開海
道，興販各港，以足其餉，然後選將練兵，號召天下，進取不難
矣。」鄭芝龍不聽勸告，反而訓斥他妄談時勢，並狡辯說識時務
者為俊傑。鄭成功見父執意北上降清，便跪下拉住他的衣襟哭求
道：「夫虎不可離山，魚不可脫淵；離山則失其威，脫淵則登時
困殺，吾父當三思而行。」儘管如此，鄭芝龍還是一意孤行。依

他看來，投降清朝，便可繼續在東南沿海稱王稱霸，重現當年與明朝聯合造就的輝煌。他哪裡知道自己的確看錯了形勢。清王朝在政治、經濟、文化各方面都比中原落後，所推行的是重農抑商、維護自然經濟的保守政策，是不會支援海商發展貿易活動的；而且作為新興國家，必然要控制制海權，鞏固統治基礎。鄭芝龍判斷失誤，一心打自己的如意算盤，只能是自投絕路。

順治三年（西元 1646 年），鄭芝龍向清廷遞了降表，並應博洛的要求，去福州謁見，相隨者僅 500 人。路過泉州時，他大張布告，誇耀投降之功，並用博洛給他的信進行招搖，讓想當官的人到他那去商定買官的價錢。到福州後，博洛對他熱情款待，兩人「握手甚歡，折箭為誓，芝龍賂遺不可勝計」。3 天後博洛突然要與鄭芝龍北上面君，同時許諾到京後，可以讓他出鎮地方。鄭芝龍擔心他不在時，子弟們會反抗清朝，臨行前特別修書數封，一一囑咐家人莫忘清朝大恩。不過他的這番苦心落了空，他走後，鄭成功、鄭鴻逵、鄭彩等人相繼率部入海，舉起了抗清旗幟。

順治四年（西元 1647 年），鄭芝龍隨博洛到北京，被清廷劃歸漢軍正黃旗，授三等精奇尼哈番。第二年又晉升他為一等精奇尼哈番。隨後因鄭成功遣人進京問候他，清廷懷疑他們父子暗通消息，便撥兵丁看管其住所，對他實行軟禁，直到他的另外兩個兒子也赴京請降，才撤去看守。順治九年（西元 1652 年），清廷將鄭芝龍改隸漢軍鑲黃旗，並讓他向鄭成功和鄭鴻逵

寫信勸降。順治十年（西元 1653 年），清廷封鄭芝龍為同安侯，並封鄭成功為海澄公、鄭鴻逵為奉化伯，以示對他們的招撫。鄭芝龍還派人去廈門探聽鄭成功對招撫的態度。順治十一年（西元 1654 年），鄭芝龍再次派人攜手書去廈門，要鄭成功接受清使者送去的「海澄公」印敕，並致書鄭鴻逵，希望他也勸鄭成功降清。鄭成功態度十分堅決，拒不接受清的封爵。鄭芝龍建議清廷，派與鄭成功關係密切的二弟鄭世恩去勸降。鄭世恩到福建，向兄長訴說父親在京的險惡處境，如不投降，全家難保。鄭成功堅定地表示，父親降清已鑄成大錯，自己不能步其後塵，即使刀架在脖子上也不能動搖。

由於屢次勸降不成，清廷開始遷怒於鄭芝龍，不斷有大臣參劾他，建議朝廷對他嚴加防範與控制。順治十二年（西元 1655 年），清廷將鄭芝龍革爵下獄，並令他在獄中對鄭成功進行最後一次勸降，不降即滅他三族。鄭芝龍又派人去見鄭成功，哀求兒子投降以保全家性命。鄭成功義正詞嚴地說：你們只知保身，哪裡知道會誤了國家！最後一次勸降又遭失敗，鄭芝龍也越發失去了利用價值。大臣們紛紛主張將其處死以絕後患，只有順治帝不同意，他還想留其牽制鄭成功，主張流放到寧古塔。君臣意見不一，最後決定暫免其一死，但要上三重鐵鏈嚴加看管。

順治十八年（西元 1661 年），康熙帝即位，此時鄭成功已經渡海收復了臺灣，另闢抗清基地。對清廷來說，鄭芝龍已完

全失去了勸降誘餌的作用，故朝廷上下一致決定將其處死。十月初三，鄭芝龍和兒子世恩、世蔭、世默等 11 人被清廷斬於菜市。

江春富可敵國

▋棄儒服賈嗣為總商

江春（西元 1721 ～ 1789 年）祖籍是徽州府歙縣江村人，其祖父江演自明末就遷揚州，從事鹽業經營，「竭蹶營造，無一寧息處」，終於成為一個大鹽商。父親江承瑜也繼之業鹽。康熙六十年（西元 1721 年），江春就出生在這樣一個鹽商世家。

徽商向來賈而好儒，「賈為厚利，儒為名高」，他們在經商致富後總是希望子弟能夠業儒仕進，顯親揚名。江春少時，父親就讓他攻讀舉業。初為儀徵諸生，拜金壇太史王步青為師。在王步青的悉心教誨下，江春學業進展很快，他善屬文，尤擅於詩，年輕時就以詩聞名揚州。乾隆六年（西元 1741 年），21歲的江春滿懷信心參加科舉，希望蟾宮折桂，一舉成名。誰知時運不濟，躓於科場。徽州習俗，非儒即賈。業儒仕進這條路既然走不通，江春毅然棄儒服賈，輔助父親，走上經商業鹽的道路。

清代鹽法實行的是官督商銷，也就是繼承明制實行綱引制

度，每年額定運銷之鹽稱為一綱，由鹽商（又稱綱商）向官府繳課，取得鹽引，然後到指定鹽場向場商買鹽，再運到事先劃定的地區銷售。鹽商實際上分成兩類：一類是場商，專門是向灶戶收買食鹽；一類是運商，專門從事食鹽運銷。運商是鹽商的主體。運商人數很多，故又稱散商。清政府為了控制散商，乃在散商中挑選家道殷實、精明強幹之人充當總商。兩淮鹽區，總商一般有 20 ～ 30 名左右。實行這種制度對政府來說，可以確保鹽課的徵收。總商實際上是具有官商雙重身分的人，對官府，他是鹽商的代表，可以反映鹽商的願望和要求；對散商，他又可以各種名義進行攤派，盤剝散商，從中牟利，致富比較容易。但這種角色也很難當，搞得不好，上下都不滿意。

江春的父親江承瑜就是總商，江春隨侍父側，耳濡目染，潛移默化，對國家的鹽業政策、制度也都了然於胸，成了父親重要的幫手。乾隆十四年（西元 1749 年），江承瑜病故，由於江春「練達多能，熟悉鹽法」，深受鹽運使的器重，所以也被選為總商。江春任總商後，憑藉其卓越的業鹽才能，不僅贏得了官府的信任，「凡重事，皆與擘畫」，而且也為眾多散商所擁護，「每發一言，畫一策，群商拱手稱諾而已」。所以江春在總商任上，一做就是 40 年，直到老死。如果加上他任總商之前的幾年業鹽活動，則如時人評價所說的：「身繫兩淮盛衰垂五十年。」自然江春在幾十年的總商位上，也累積了鉅額財富，成為首屈一指的大富商。

▌廣交名流，名聲大振

江春出任總商後，利用自己特殊的身分地位，廣泛結交顯貴名流，擴大自己的社會影響力。

江春結交最深的自然是鹽政官員，包括鹽運使和巡鹽御史。鹽政官員是直接代表皇帝管理鹽政事務的，他們多是皇帝的親信和寵臣，能夠直接影響並參與鹽業政策的制定，更能決定總商的命運，所以歷來總商與鹽政官員結交深厚。一個有權，一個有錢。一個要以權謀利，一個是以錢買安，從而形成互相利用的錢勢之交。江春對此看得十分清楚，一針見血地指出：「官以商之富也而腴削之，商以官之可以護己而豢之。」鹽商為了巴結利用鹽政官員，拿出大量金錢以滿足鹽政官員奢侈生活的需要。乾隆五十八年（西元 1793 年），據董椿奏稱：「兩淮鹽政衙門每日商人供應飯食銀五十兩，又幕友束脩筆墨紙張並一切雜費銀七十兩，每日供銀一百二十兩，是該鹽政一切用度，皆取給商人。以一年計算，竟有四萬三千兩之多。」要知道這只是公開的開銷，至於鹽商私下所給的「好處」還不知有多少。自然這一切都是透過總商之手來「孝敬」的。

乾隆元年（西元 1736 年）、乾隆十八年（西元 1753 年），盧見曾兩次出任兩淮都轉運鹽使，其時江春正在總商任上，故與其關係極厚。乾隆三十八年（西元 1773 年）、三十九年（西元 1774 年）江春私家別墅「水南花墅」裡所種芍藥花開並蒂，為一

奇觀。江春設宴廣邀達官顯貴、騷人墨客前來觀賞。盧見曾也趕來助興，不僅與宴賦詩，還將並蒂芍藥繪成圖形，廣為徵求詩稿。江春也即席賦詩奉和。盧見曾酷愛古玩，而古玩價格昂貴，盧見曾憑他微薄可憐的薪俸是根本無力購買的，江春則投其所好，為其代辦，最後共支出古玩銀 16,241 兩。

　　發生在乾隆三十三年（西元 1768 年）震驚兩淮的提引案也生動說明了江春與鹽政官員的權錢交易關係。乾隆中葉，由於社會經濟發展，社會秩序安定，人口增多，官鹽銷量大增，兩淮行鹽口岸銷售暢旺，二年應行鹽往往不敷銷售，乃預提下綱部分鹽引以資接濟。如乾隆二十九年（西元 1764 年）預提乙酉（三十年）淮南綱引 10 萬道，淮北綱引 10 萬道，乾隆三十年（西元 1765 年）又預提丙戌（三十一年）綱引 20 萬道，乾隆三十一年（西元 1766 年）又預提丁亥（三十二年）綱引 20 萬道、淮北綱引 5 萬道，乾隆三十二年（西元 1767 年）也照此數預提下綱鹽引。所有預提鹽引，需按引納課。綱鹽的暢銷，自然為鹽商帶來巨大的利潤。

　　大量的白銀裝進鹽商的錢囊，引起了清政府的垂涎。為了在正常鹽課外還能從商人身上榨取更多的油水，清政府想出了追繳「餘利」的新招，即預提鹽引除了引價以外還有「窩價」，即所謂餘利，這部分餘利應該歸公。於是乾隆三十三年（西元 1768 年）清政府策劃了一起震動兩淮的提引案，清查兩淮歷年預提鹽引之餘利。據江蘇巡撫彰寶等奏：「兩淮預提綱食

鹽引目，乾隆十一年起至三十二年共預提淮南淮北四百九十六萬六千六百二十二道，內除食鹽五萬一千二百二十八引口岸甚疲，非綱引暢銷可比，及淮北綱鹽四十九萬零二十道向無餘利，均不計算外，惟淮南所提綱引共四百四十二萬五千三百七十四道，歷年引價高低不一，每引值銀二兩，遞加至三兩不等，按年核算，商人除完納正項錢糧外，共有餘利一千零九十二萬二千八百九十七兩六錢，俱系歸公之正項，乃歷年各鹽政從未議請歸公，始則散給商人領運，聽其漁利自肥，繼則選擇總商分賞，以作獎勵示惠，該商等或代購器物，結納饋送，或借差務浪費浮銷，種種情弊，不可列舉，所有查出各款銀兩，自應盡數追繳，以清國帑。」經戶部核查，應繳餘利銀中，除奉旨與撥解江寧協濟差案及解交內務府抵換金銀牌課與一切奏明動用並因公支取例開銷銀，加上現貯在庫歸款銀共 72 萬餘兩免其追繳外，其餘 1,014 萬餘兩均應如數追繳。

當然，這一大筆銀兩並未全部落入鹽商腰包，其中有辛力膏火銀、總商代各任鹽政購辦器物用銀、各商辦差用銀共 927 萬餘兩，還有各商代鹽政吉慶、高恆、普福購辦器物作價銀 57 萬餘兩，各商支付高恆家人經收各項銀 20 萬餘兩，各商代高恆辦做檀梨器物銀 8 萬餘兩，為盧見曾代辦古玩銀 1.6 萬餘兩，鹽政普福還向運庫支用綱銀 4 萬餘兩，並拒不簽字具名。這一切清政府都不認帳，統統要鹽商賠繳。從中我們固然可以看出清政府的蠻橫無理、鹽政官員的貪婪無恥，但也可看出江春與

鹽政官員的關係了。身為總商，這一切當然要透過江春之手操辦。所以，「當提引事發，人情危懼，公（江春）毅然赴質，比廷讞，惟自任咎，絕無牽引。上識公誠，置商不問，保全甚眾」。誠然，說乾隆「置商不問，保全甚眾」，是不可信的，事實上，一千餘萬兩銀子，商人不得不忍痛賠繳，只是後來因實在難以全賠，才奉恩旨豁免 363 萬餘兩，眾商共掏出 600 餘萬兩銀子，談何「不問」？所謂「保全」，也只是商人保住了自己的身家性命而已，至於白花花的銀子，商人自然無法「保全」了。

江春除了和歷任鹽政官員過從甚密外，還廣交四方文人賢士。江春建有「秋聲館」，接納四方來揚名士，如金兆燕、蔣宗海等都是「秋聲館」的貴客。為了附庸風雅，江春利用一切機會，擺設盛大宴會，廣邀四方名流，與宴賦詩。如乾隆三十一年（西元 1766 年）十二月十九日，乃蘇東坡誕辰 700 週年，江春於小山僧之寒香館懸掛蘇軾像，邀集名流賦詩紀念，一時文人學士如尚書錢陳群、學士曹仁虎、編修蔣士銓以及金農、陳章、鄭燮、黃裕、戴震、沈大成、江立、吳娘、金兆燕等都前來赴會。江春「或結縞佇，或致館餐，卑節虛懷，人樂與遊」。可見江春與文士名流關係之密切。

除了重大的節日以外，江春也經常舉行詩文會，邀集名流賦詩填詞。詩成，盛宴款待，宴後再由家中蓄養的戲班，演出「曲劇三四部」，文人學士既飽口福，又飽眼福。臨別時江春還有各種禮物相贈。江春的揮金如土，贏得文士名流、達官貴人

的交口讚譽，使江春名聲大振。

▌殫思極慮，上交天子

為了巴結清政府，每逢軍需、河工、災濟之時，兩淮鹽商都踴躍捐輸報效。據嘉慶《兩淮鹽法志》統計，從康熙十年至嘉慶九年（西元 1671 至 1804 年）的 100 多年間，鹽商以各種名義報效政府的銀兩達 39,302,196 兩、米 21,500 石、穀 329,460 石，其中以江廣達（江春鹽號）名義捐輸銀數總計 1,120 萬兩，真正是「百萬之費，指顧立辦」。這些銀兩，固然大多攤派眾商，但江春自己也掏出不少，故也曾出現「家屢空」的情況。

尤其在乾隆南巡期間，江春殫心竭慮、精心策劃，贏得了隆隆聖眷。乾隆好大喜功，在位期間曾六次南巡，揚州是其翠華蒞臨之地，為了迎駕，鹽商日夜忙碌。江春「創立章程，營繕供張，纖細畢舉」，可謂效盡犬馬之勞。即使在「堅冰凍人須，積雪沒馬足」的隆冬季節，江春也不敢有絲毫懈怠，仍然「相攜趨輦轂」。為了博取皇帝歡心，江春可謂費盡心思，不惜萬金。《清稗類鈔》云：

> 高宗巡幸至揚州，時江某為鹽商綱總，承辦一切供應。某日，高宗幸大虹園，至一處，顧左右曰：「此處頗似南海之瓊島春陰，惜無塔耳！」江聞之，亟以萬金賂近侍圖塔狀。既得圖，乃鳩工庀材，一夜而成。次日，高宗又幸園，見塔巍然，大異之，以為偽也。既至，果磚石所成，詢知其故，嘆曰：「鹽商之

財力偉哉！」

雖然這一夜塔成之事可能有所誇張，但從中確可看出江春仰攀皇帝的良苦用心。

由於江春實心報效，故能「獨契宸衷」。乾隆數次南巡，江春得到的賞賜最多，「御書『福』字、貂、緞、荷包、數珠、鼻菸壺、玉器、藏香、柱杖、便蕃，不可勝記」。尤其是乾隆三十六年（西元 1771 年）南巡，於金山召見江春，並解御佩金絲荷包面賜江春，聖眷優渥，被視為「異數」。南巡結束後，乾隆五十年（西元 1785 年），高宗以「御極之五十年」在京師舉行千叟大宴，江春與其族兄江進應召赴宴，並獲賜杖之榮。

最使江春感到榮耀無比的是乾隆「借帑舒運」，乾隆三十六年（西元 1761 年），「賞借」江廣達銀 30 萬兩，乾隆五十年（西元 1785 年）又「賞借」江春 25 萬兩，二次共賞借帑銀 55 萬兩。江春在乾隆年間獲得「賞借」之多「為鹽商之冠」。所謂「帑銀」，照鹽商的話說就是「萬歲爺發的本錢」。儘管這「帑銀」仍按月息一分起息，儘管這「帑銀」有時並非從皇家倉庫內務府中實支，而是從眾商公捐銀中扣除，但也是無比光榮的事。不僅光榮，還可得利。江春拿到這筆「帑銀」，其實並非自己營運，而是轉手以高利率貸給其他商人。如乾隆三十六年（西元 1771 年）江春獲借「帑銀」30 萬兩，月息一分，年息應繳內務府 3.6 萬兩，但他馬上又以月息一分八釐左右的利率貸給另一總商王履泰，年得息銀 6 萬餘兩，扣除應繳內務府息銀 3.6 萬兩，還可

得 2.5 萬餘兩。舉手之間，江春不費吹灰之力，就憑空得到 2.5 萬餘兩息銀。

▋生活奢侈，曇花一現

有了鉅額的財富，江春的生活愈益奢侈起來。

他大造園林，作為自己休息之所。據李斗《揚州畫舫錄》載：江春居揚州南河下街建有「隨月讀書樓」，樓對面又築「秋聲館」，徐寧門外又購買一大塊空地闢為校射場，人稱「江家箭道」。又在附近建有亭榭池沼、藥欄花徑，名曰「水南花墅」。另外在揚州東鄉有「深莊」別墅，在北郊有江園，在重寧寺旁建東園，因家與康山比鄰，又構築「康山草堂」，如此等等，不一而足。這些別墅名園在當時堪稱名勝，但還比不上他的另一名園「淨香園」。乾隆曾四次遊幸此園，吟詩題聯，流連忘返。康山草堂也兩次成為乾隆駐足之地，並御筆題詩、題聯、題額，一時傳為美談。

他廣蓄名伶，以為消遣交遊之用。他不惜重金，招聘名角，建立德音、春臺兩個戲班，僅供家宴演出，歲需三萬金。江春常常舉行家宴，款待達官顯貴、文人騷客，「食頃已畢，或曲劇三四部，同日分亭館宴客，客至以數百計」。江春私人所蓄戲班，薈萃了各地著名優伶，推動了徽劇藝術的發展，後來隨著徽班進京，又對京劇的形成和發展產生了重大的促進作用。

　　江春身為總商，他和其他徽商一樣，熱心公益和慈善事業。揚州的安定書院、梅花書院、敬亭書院、維揚書院以及幾所義學，大多為徽商捐資修建，辦學經費也由鹽商捐助，其中也有江春的一份力量。另外，揚州的育嬰堂、普濟堂等地方慈善組織的建立和執行，江春也有「發言」、「劃策」、贊助之功。

　　鹽商是在清政府的羽翼下發跡致富的，同樣也在清政府的盤剝下破產亡家。江春就是一個縮影。江春任總商期間，憑藉特權，攫取了鉅額財富，但是鉅額的報效捐輸以及他奢侈無度的生活，揮金如土的交遊，也消耗了他的大量資本，隨著整個鹽商的衰落，他也陷入了「貧無私蓄」的困境。晚年江春已經由於「家產消乏」而無力營運了，還是乾隆五十年（西元 1785 年）賞借「帑銀」25 萬兩「令其作本生息，以為養贍之計」。但是「帑銀」有借必還，既不能拖欠，更不能短少，江春此時已無力償還本銀，只得靠「鬻產及金玉玩好以足數」，不然就難免被清政府追繳「帑銀」而抄家沒產。乾隆五十四年（西元 1789 年），江春病死，身後幾乎未留下什麼家產，使得其惟一的繼子江振鴻「生計艱窘」。江春舊有康山園一處，幾成瓦礫場，但無力修葺。乾隆傳諭，令眾商出銀 5 萬銀兩承買此園，作為公產，其銀兩賞給江振鴻營運，毋庸起息，再撥借「帑銀」5 萬兩，照例起息。江振鴻就靠這借來的 10 萬銀作為資本，維持生計。

鮑志道仕商結合

▌著姓望族

明清時期的歙縣，有不少著姓望族。許承堯《歙縣誌·風士》載有江村之江，豐溪、澄塘之吳，潭渡之黃，岑山之曹，上豐之宋，棠樾之鮑，藍田之葉等。這十餘姓中，或則由於仕至顯宦而名揚遐邇，或則由於商至巨賈而資雄一方。其中棠樾鮑氏就是很有代表性的著姓望族。

徽州鮑氏，歷史悠久，源遠流長。據宗譜記載，其始遷祖是伸公。晉太康年間任護軍中尉的伸公率兵鎮守新安，喜愛這裡的青山綠水，於是在此定居。之後繁衍後代，子孫眾多，蔚為大族。遷徽鮑氏隨居住地分為歙縣西門、蜀源、巖鎮、棠樾四大支派，其中以棠樾鮑氏最為著名。

棠樾鮑氏最初是以「父慈子孝」而聞名天下的。據《宋史》卷四五六載：「有鮑宗巖者，字傅叔，徽州歙人。子壽孫，字子春。宋末，盜起里中，宗巖避地山谷間，為賊所得，縛宗巖樹上，將殺之。壽孫拜前，願代父死。宗巖曰：『吾老矣，僅一子奉先祀，豈可殺之？吾願自死。』盜兩釋之。」明初地方官將其事蹟上奏，永樂皇帝御製慈孝詩，建坊旌表，表彰天下，棠樾村也稱「慈孝里」。在封建最高統治者的表彰之下，「慈孝里」慈孝蔚然成風。明代前期這裡又出現一個孝子鮑燦，據《棠樾鮑氏

宣忠堂支譜》載:「其母余氏,年七十餘,足患瘍,腐穢不可近,瀕於危。公露立泣禱,旦夕跪吮其疽疾,豁然癒。」他的「至孝」事蹟,在當地廣為傳頌,後聞於朝,嘉靖時建坊旌表。

真正使棠樾鮑氏奠定著姓望族地位的還是因為鮑氏子弟仕至顯宦。十六世祖鮑象賢,嘉靖八年(西元1529年)中進士,授四川道監察御史,後擢南京兵部右侍郎。不久在雲南平叛、抗擊倭寇中屢有功績,累官至兵部右侍郎,死後明王朝加贈工部尚書,予祭葬,崇祀鄉賢。族中出了這樣一位顯宦,自然大大提高了該族的社會地位。故從此以後,鮑氏就以鮑象賢為支祖,用鮑象賢住宅大廳的「宣忠」匾額名,為棠樾鮑氏祠名,稱為「宣忠堂」支派。繼鮑象賢之後,其孫鮑孟英也於萬曆時登科入仕,先為河南開封府通判,後為山東都轉運鹽使司同知,仍管萊州府海防事,由於饒具才幹,政績顯著,天啟時遂晉階朝議大夫。

棠樾鮑氏不僅因仕至顯宦而著名,而且也因世代經商而資雄。據記載,早在洪武年間,鮑氏就有人經商,十二世祖鮑汪如率先業鹽,其時,「邊陲有警,募民上糧易鹽。公遂運米,應雲南軍餉,鹽撥溫州,於時海寇侵擾,禁不得行,諸商聯名呈請,有司不為理。公獨備陳商困條奏於朝,始得放行」。鮑汪如之後,也都世世代代經商。如十三世祖鮑萬善,「少能立志,經營積累起家」。十四世祖鮑燦,「嘗挾資客汴、洛間。」十五世祖鮑光祖,甚至遠至北疆經商。至十六世祖鮑象賢、十八世祖鮑孟英仕宦,賈業一度停止。但從明後期至清代,鮑氏可謂舉族

經商。如二十一世祖鮑士謹在其父去世後，家道中落，乃「棄儒服賈，經營海濱，轉徙甌、粵間。是時，市舶出洋，遭劫掠無算。文玉（士謹之字）數往來，屢有天幸，獨不遇。貨委於地，人皆爭取無積滯」。可見鮑士謹是專門從事海外貿易的。其弟鮑士臣則徒步去鄱陽，靠替別人舂米餬口，曾有拾金不昧之舉，受到時人稱讚。後來到揚州，做點小生意，被人譽為「廉賈」。隨著交往日眾，有人見他忠厚，存心幫他一把，「貸金於先生而薄其子錢，先生始得時貨之有無，興販四方。四方之人聞先生至，爭先鬻其貨，先生由是能蓄其財。」正是由於累積了資本，終於使其子得以在兩淮業鹽。而真正大振家聲的是二十四世的鮑志道。

以鹽起家

鮑志道（西元 1743 至 1801 年），字誠一，號肯園，生於乾隆八年（1743 年年），是鮑象賢的九世孫。雖然父親鮑宜瑗「長賈於外」，但家中還是不寬裕。鮑志道自幼讀書，企圖走科舉人仕之路，由於生活困難，11 歲便棄儒服賈，出外謀生。先是到江西鄱陽幫人打工並學習會計，後來又到金華等地做些小生意，再到揚州、湖北。總之，在這幾年，由於沒有資本，東奔西走，始終未找到一塊立足之地。

20 歲時，鮑志道又一次來到揚州。近十年的鍛鍊，已使他

逐漸成熟起來。他胸懷大志，決心在這裡做一番事業，揚州是兩淮鹽運使司所在地，從事鹽業的豪商巨賈都集中在這裡。據說當時歙縣大鹽商吳尊德急需物色一名精明能幹的經理。鮑志道和其他人一道前去應聘。吳尊德舉行了一次別開生面的考試：大家通過會計課目考試後，夥計為每個人端來一碗餛飩。吃完後，吳尊德宣布第二天再舉行一次考試。翌日，大家都來參加第二場考試。誰知主考大人分別要求各人回答昨天所吃餛飩共有幾只？有幾種餡？每種餡各幾只？這下大家都傻了眼，一個個瞠目結舌。只有鮑志道答得完全正確，於是他被聘用了。這個傳說的真實性如何，已難確考，但它說明了鮑志道確實是精明、心細。

鮑志道頗有才幹，受聘後迅速進行整頓，革去弊習，建立新章，使吳家鹽業大有起色，獲利頗豐。當然他自己也得到了豐厚的報酬。過了幾年，鮑志道有了一定的累積，就辭去了吳家差事，開始獨立在揚州業鹽。由於他已經累積不少業鹽經驗，加上他的精明幹練，很快就發家致富。

那時，清政府為了控制眾多鹽商，便於收繳課稅，乃選擇家道殷實、幹練精明的鹽商充當總商。總商實際上是官府與眾商聯絡的紐帶，政府透過總商傳達有關政策法令，催收鹽課，鹽商則透過總商反映商人要求，總商代表商人利益和官府進行交涉。這種角色是很難當的，輕不得、重不得，否則上下都招怨。鮑志道以其才幹被選為總商，而且一做就是20年。他處事

果斷、公正，「自當事以若四方，經由一口與之訖，其歿無悔惡者。」因此深受眾商擁護，也得到官府的信任。

乾隆末年，可以說兩淮鹽商已度過它的黃金時代，開始走下坡了。由於政府對鹽商的盤剝，造成食鹽成本大大提高，這樣銷售到各地的鹽價也就一再提高，於是私鹽往往乘機而入，例如江西應是淮鹽行銷區域，由於淮鹽價高，福建私鹽大量湧入江西，造成淮鹽滯銷，鹽商大困。此時正是鮑志道任總商期間，他代表鹽商與官府反覆交涉。經過兩年的艱苦努力，終於解決了問題，維護了鹽商的利益，受到了眾商的讚揚。

他還創立一些制度，促進了鹽運事業的發展。當時淮鹽都要經水運到各地，尤其是每年都有大量的鹽船裝載食鹽沿江轉運到九江、漢口等口岸，一遇風浪，時有鹽船沉沒，不少商人往往因此破產。鮑志道於是倡議，如果某舟沉溺，則眾商相助，即在經濟上給予資助，這樣「以眾幫一」，不致使其傾家蕩產。此議一出，立即得到眾商響應，並切實得到執行，淮商稱此為「津貼」。無疑，這一制度對促進鹽運，維護眾商利益產生了積極作用。正因為如此，鮑志道成為揚州著名大鹽商，棠樾鮑氏也因此聞名兩淮。

鮑志道不但在業鹽上被商界推崇，而且他在致富後去奢崇儉、好義重禮，更被世人交口稱譽。乾隆時期的鹽商正發展到巔峰階段，擁資百萬、甚至千萬的大鹽商接踵出現。鉅額的財富滋養了不少人奢侈無度的惡習。當時揚州鹽商侈靡成風，一

擲萬金，誇富逞豪。據李斗《揚州畫舫錄》記載，有的人為了炫耀富有，竟花 3,000 兩銀子把蘇州城內所有商店裡的不倒翁統統買來，「流於水中，波為之塞」。更有人頃刻之間希望花掉萬金，苦於無法，門下客為其出主意，以萬金盡買金箔，載至金山寶塔上，向風揚之，頃刻而散，沿江水面上、草樹間到處都飄著金箔。對這種奢靡之風，鮑志道非常反感。他對家中所有人乃至親朋好友，都「以儉相戒」。他雖然擁資鉅萬，然其妻婦子女，尚躬自操勞中饋箕帚之事，門前不容車馬，家中不演戲劇，淫巧奢侈之客，不留於宅中。在他身體力行的倡導之下，揚州「侈靡之風，至是大變」。身為一個豪商巨賈，能夠如此節儉，確實是難能可貴的。

鮑志道對自己家人嚴格要求，崇尚節儉，但對社會公益事業、慈善事業，卻慷慨解囊，熱心贊助。如揚州城內，自康山以西至鈔關北抵小東門一帶，地勢低窪，雨天容易積水，行人十分不便。他乃捐資將地面鋪高，並易磚為石。他看到貧家子弟無法就讀，學業荒廢，於是在揚州捐建十二門義學，專供貧家子弟入學。在京師助修揚州會館，為往來商旅提供食宿、存貨方便。在桑梓更是不遺餘力支援公益事業，他生平獨不喜建佛堂道院，但卻鍾情於書院建設。歙縣本有兩個書院，紫陽書院在城內，山間書院在城外，年久失修，並垂廢焉。他慨然與鄉士大夫合力維修，使紫陽書院煥然一新，還捐銀 3,000 兩作為該院生員膏火之資。又捐 8,000 兩銀自置兩淮生息，用以修復山

間書院。另外修橋補路、捐建水榭等等義行，不可列舉。其元配汪氏、側室許氏也皆有義舉。如汪氏捐資「構房八楹，為族人貯農器」，「置田百畝，取租給族之眾婦」。「重築大母垻、七星墩、竭田水溪橋諸道路，至今里人能道之」。

其長子鮑淑芳繼承父業，也成為兩淮總商之一，並同時以義舉卓著而聞名四方。如嘉慶十年、十一年連續大水，他先後捐米 6 萬石、麥 4 萬石，於災區各邑設廠煮粥，賑濟災民，全活無算。方義壩決堤，他倡捐柴料 400 萬斤，以供搶險之用。為疏浚芒稻河，他又獨捐 6 萬兩，以濟工用。又捐金疏浚沙河閘、天池鹽河。「雞心洲、龍門橋等河請復罱船，增設混江龍、鐵掃帚等器，刷漕河使不淤淺，又議與浚通屬力乏、廣福橋等處之運鹽河，並謀增築范公堤，以捍海潮，而護民田，皆為地方謀公益也。」他的義舉得到嘉慶皇帝的嘉賞，特賜題「樂善好施」匾額，在故鄉建坊旌表。

錢勢之交在鮑志道任職期間表現得尤為突出。鮑志道深知，鹽業的興旺，完全靠政府的庇護，所以在任總商 20 年期間，政府凡有軍需、賑濟、河工方面的事項，鮑志道總是率領眾商踴躍捐輸，赤心報效，總計向清廷捐銀 2,000 餘萬兩，糧食 12 萬餘石，受到了清政府的一再嘉賞，先後敕封他「文林郎內閣中書」、「候選道」、「直奉大夫內閣侍讀」、「朝議大夫刑部廣東司郎中」、「中憲大夫內閣侍讀」、「朝議大夫掌山西道監察御史」等頭銜，雖然這只是虛職，但這些榮銜卻使他的身分地

位大大提高。他憑藉這一身分以及雄厚的資財,廣泛交納四方達官顯貴、耆宿名儒,如翰林院侍講書法家梁同書、戶部尚書朱三、大學士書法家劉墉、內廷供奉戶部主事書法家黃鉞、兩江總督陳大文、禮部尚書紀昀、兩江總督鐵保等人,都與鮑志道過從甚密,交誼深厚。以至他死後,紀昀親自為其作傳並撰寫墓表,鐵保親筆手書傳文,朱王圭又撰鮑氏與元配汪恭人合葬墓誌銘,真是備極哀榮,在鹽商中可謂極其罕見。鮑志道還將當時在社會上享有盛名的書法家、文人羅聘、汪士慎、巴慰祖、方輔、程晉涵等先後延至府中,待若上賓。鮑氏祠堂中的楹聯、匾額、族譜家乘之圖經像贊等都出自清代名士的手筆。乾隆時的著名才子、大詩人袁枚也是鮑志道的莫逆之交。袁枚妹妹病故,鮑志道親自齎金前往弔唁。袁枚的《小倉山房詩集》中還收有《為鮑肯園題龍山慈孝堂圖》詩十解,由此也可看出兩人之間的深厚交誼。

仕商結合

賈而好儒是徽商的重要特色,在徽商看來,雖然服賈能夠獲得厚利,但只有業儒仕進才能亢宗顯親,大振家聲,所以徽商致富後,總是迫不及待地讓子弟習儒,走仕進之路,鮑志道也是如此。他有兩個兒子,讓長子鮑淑芳繼承己業,而讓次子鮑勳茂業儒。鮑勳茂先為徽州府學廩膳生員,後由舉人、內閣中書,歷官至通政使司通政使,躋進九卿之列。乾隆五十五年

（西元 1790 年）入軍機處學習行走，終於成為棠樾鮑氏中最為顯達的人。

朝中有這樣一位顯宦，自然對族中的鹽業有很大的照顧。例如，嘉慶九年（西元 1804 年）在揚州業鹽的鮑志道的弟弟鮑啟運被旗人巡鹽御史佶山告以「抗僉誤課」罪，請旨予以「嚴行審辦」。其時，鮑志道已於嘉慶六年（西元 1801 年）病故，但幸虧朝中還有鮑勳茂，在他的斡旋之下，嘉慶帝連下三道上諭，最後鮑啟運用 5 萬兩銀子了結此案。若非嘉慶帝的關照，鮑啟運的後果難以想像。但若非鮑志道的影響、鮑勳茂的朝廷關係，浩蕩皇恩也不會惠及一名普通鹽商的。

嘉慶以後，由於兩淮鹽業衰敗，鮑氏族人意識到業鹽的道路越來越難走，故棠樾鮑氏後人大多走上業儒的道路。自鮑勳茂之後，鮑志道的孫子鮑時基，在道光年間官貴州黔西州知州，曾孫鮑彤軒官工部郎中，鮑敦本為鹽課大使，其餘如鮑德桴、鮑劼楷、鮑承榮、鮑東植等俱業儒，這已是咸同年間的事了。

可見，當道光年間兩淮鹽法改綱為票，兩淮鹽商一蹶不振的時候，棠樾鮑氏後人早已走上業儒仕進之路，鮑氏門楣也由此繼續得到光大。

總商之魁伍秉鑑與伍紹榮

▌艱難創業

行商是清代官商的一種。自康熙二十三年（西元 1684 年）開海禁，設閩、粵、江、浙四海關，繼而又建立廣東洋行制度後，行商成為壟斷對外貿易的官商達半個世紀之久。乾隆二十二年（西元 1757 年），清政府限定廣州一口通商，更加強了行商的壟斷地位。廣州十三行行商伍怡和家族正是透過經營對外貿易成為行商，之後由於勾結西方商人，賄賂官吏而獲得發展，由封建官商逐步轉化為買辦商人。

伍怡和家族的創業期是乾隆四十三年至嘉慶六年（西元 1777～1801 年），這一時期的兩個代表人物是伍國瑩和伍秉鈞。

伍氏家族的先世奔居於福建的莆田、晉江、安海等縣，長期在武夷山做茶葉種植園主。大約在乾隆十五年（西元 1750 年）以後，由於對外貿易只限在廣州進行，伍氏家族的伍朝鳳便自閩入粵，落籍廣東南海縣，開始從事對外貿易，曾經做過行商之首同文行帳房的伍國瑩創立了怡和行。

乾隆年間（西元 1736～1795 年），行商主要是與英國東印度公司廣州商館（簡稱公司）進行交易，而當時的行商多數破產賠累，所以在乾隆四十七年（西元 1782 年），伍國瑩曾堅決拒絕海關監督要他承充行商的命令，直到次年他才承充行商，

設立怡和行。公司大班在生意上對怡和行格外通融，同他簽訂了 3,600 箱武夷茶的合約，使他獲得了一定的資金。到了乾隆五十一年（西元 1786 年），怡和行商務有所發展，伍國瑩在 20 家行商中居第六位，並成為公司的債權人，公司對他欠款 7 萬餘兩，還擔任了公司船的保商。

但精明能幹的伍國瑩同樣無法逃避外商的挾制和官府的勒索，乾隆五十二年（西元 1787 年），他因被牽連於一項英商與中國人的銀錢糾葛，被公司監禁在商館內，勒逼代償欠款。乾隆五十三年（西元 1788 年），他又因為欠海關關稅及其他稅捐甚巨，面臨破產的厄運。後來得到公司的扶持而度過難關，但對公司的依附也越來越深。不久，伍國瑩將怡和行務移交給第二子伍秉鈞主持。

伍秉鈞主持怡和行務後，按行商中祖孫、父子、兄弟沿用同一商名的習慣，成為第二代中的第一位浩官，又兼用沛官的商名。乾隆五十七年（西元 1792 年），沛官與其他五名商人一同領取行商執照，公司以他較為可靠，立即與他簽訂貿易合約。此後，怡和行的貿易額逐年增長，在行商中的地位也穩步上升。乾隆五十九年（西元 1794 年），由行商第六位上升到第四位，嘉慶五年（西元 1800 年）又升為第三位。

行務的發展也使伍家的財力不斷上升，沛官成為外商的重要債權人，同時分攤了破產行商約 16.6% 的大額商欠。憑藉這樣的財力。伍家怡和行開始兼併其他行商，增強在競爭中的實

力。同時，沛官還承擔了破產行商祚官欠公司的債務，乘機占有後者的貿易分額。

財力的增強使伍家成為官吏勒索的目標，嘉慶五年（西元1800年），沛官承保的一艘公司船，被海關官吏發現有兩對錶未納稅，伍秉鈞企圖繳180元了事，海關監督卻罰他50倍。

嘉慶六年（西元1801年），伍秉鈞病逝，終年35歲，行務轉由其三弟秉鑑承擔，伍氏家族開始進入全盛期。

巧於協調

伍秉鑑（西元1765～1843年），字成之，是伍家第二代中的第二位浩官。在嘉慶十一年（西元1806年），伍秉鑑已與潘啟官和茂官並列為高階行商，被大班稱為「廣州商場上的一個重要分子」。嘉慶十二年（西元1807年）躍居行商第二位，嘉慶十八年（西元1813年）列為總商之首，登上首席行商的位置。此後數十年間，他一直居於行商的領導地位。道光六年（西元1826年），伍秉鑑將怡和行務交給四子伍受昌掌管。伍受昌成為伍家第三代中的第一位浩官，並繼承伍秉鑑的首席行商地位。伍秉鑑則以「原商」的身分退居幕後，但仍然掌握怡和行的實權。

伍受昌，字良儀，他雖然承擔怡和行家業的時間不長，但同外商關係密切，他曾與英商勾結，包庇鴉片貿易。由於他與外商的勾結緊密，曾受官府責罰。例如道光十一年（西元1831

年），因曾在總督、監督面前為公司疏通，獲准在公司商館前建築碼頭，為巡撫朱桂楨所惡，下令要將他處斬，「只是由於他長跪一小時及海關監督的說項，始豁免」。道光十三年（西元 1833 年）伍受昌去世，終年 33 歲，其職位由五弟伍紹榮擔任。

伍紹榮，名崇耀，字紫垣，以紹榮為商名。他是怡和行第三代中的第二位、也是最後一位浩官，是一個由封建官商轉化為買辦商人的典型人物，承商時年僅 23 歲。

伍秉鑑父子三人能夠於數十年間在行商中居於領導地位，極不容易，除了要有雄厚的經濟實力，工於心計，善於經營外，還必須處理好與其他行商、官府、外商的關係。在處理這些關係上，伍氏父子可以說是十分成功的。

（1）與其他行商的關係。伍氏父子十分善於處理與其他行商的關係，其主要的手段是利用其雄厚資金，協助公司向其他行商放款，乘機加以控制。嘉慶十九年（西元 1814 年），公司為支援六名行商繳付關稅，出面擔保向浩官及茂官借款 166,000 兩。嘉慶二十一年（西元 1816 年），又為新行商擔保向伍家借款 631,480 兩。這種放款的年利率一般為 10%～12%，略低於當時國內的通常利率，但仍然是一種高利貸。它不但加強了伍家同公司的關係，而且加強了對許多資金薄弱行商的控制。

另一方面，伍家又善於利用同外商的特殊關係進行通融，兼顧其他行商的某些利益，有時不惜犧牲自己的部分利益。嘉

慶十六年（西元 1811 年），浩官和茂官已成為公行的中堅，公司要求他們擔任合夥或獨一的羽紗銷售代理人，他們答應可以單獨負責銷售，但要求「利潤則規定按比例分配給公所中的全體行商」，以換取全體行商的支援。道光八年（西元 1828 年），行商黎光遠破產充軍伊犁，浩官又與公司共同籌捐 3,000 元作為其生活費。

這些恩威並施的做法，使伍家牢牢控制著其他行商。

（2）與官府的關係。根據清代廣東洋行制度的規定，行商對官府的依賴性很強。行商從官府中獲得壟斷貿易的特權，但必須代辦外商的全部出入口貨稅、傳遞外商與官府的往來檔案、管理監督來粵的外國商民和協助審理民「夷」衝突案件。此外，還必須以捐輸、報效、賄賂的形式，將利潤的一部分貢獻給皇帝、督撫、監督和其他官吏。能否處理好與官府的關係，是行商長享富貴、還是慘遭破產的關鍵。

伍家財富能夠不斷增長，與其不斷賄賂、捐輸和報效，注意同清廷和廣東官憲建立密切聯繫有關。據統計，自嘉慶十一年至道光二十二年（西元 1806 ～ 1842 年），伍家賄賂、捐輸、報效官憲共達 1,607,500 兩，數目十分驚人。這還僅僅是已知的部分，所以稱「計伍氏先後所助不下千萬，捐輸為海內冠」，一點也沒有誇張。

伍家不但用大量錢財捐輸報效，而且也鼓勵子弟參加科舉

以進入仕途，一旦仕途受阻，就透過捐納及其他方式獲得官銜、封蔭及官職，以期成為封建統治階級的一分子。這樣，以封建特權商人為本業的伍氏家族，成了亦官亦商、半官半商，上通朝廷、下連市井的名副其實的官商，與封建統治集團緊密結合，帶有十分濃厚的封建性。

（3）與外商的關係。伍氏家族與外商的關係是由互相利用、互相勾結到逐步依附，與英國東印度公司的關係尤其如此。怡和行建立以後，就和它發生密切的關係。

怡和行在公司的貿易分額，早已占有很大的比重。伍秉鑑任總商後，其貿易分額一直居行商首位。此外，怡和行還是公司的「銀行家」和最大的債權人。嘉慶十八年（西元 1813 年），公司欠行商款項總額為 749,516 兩，其中欠伍秉鑑達 548,974 兩，占 73%。而每逢貿易季度結束，大班離開廣州前往澳門居住，又將公司的存款和金銀移交給他保管。

伍家與美國商人的勾結也很密切。美國早期侵華的主角、在華最大的鴉片販子旗昌洋行，就是在同伍家的勾結中發展起來的。道光三年（西元 1823 年），美國人約翰·顧盛（J P Cushing）在廣州改組旗昌洋行，伍秉鑑隨即與之建立密切關係，一直為旗昌作保。那時英國東印度公司已經退出廣州貿易，伍秉鑑也退出和其他外商的一般交易，專和旗昌洋行一家合作，他的對外貿易全由旗昌洋行一家代理，向英國、美國、印度輸出商品。

在伍秉鑑的支援下，旗昌依靠鴉片走私的茶葉貿易，迅速發展成為在華美商中的頭號鉅商。伍家與旗昌的勢力如此之大，以致當時在廣州的許多外商，為了追求較好的利潤，都必須要爭取浩官和旗昌的支援。不然，在廣州的安全都不能保證。

伍家還和美國商人建立密切的私人關係。約翰·顧盛由於得到伍秉鑑的特別眷顧，在廣州居留近 30 年，獲得商業上的巨大成功，成為在華最有財勢的外商之一。旗昌的另一大股東約翰·福士，早年由於顧盛的推薦，曾擔任伍秉鑑的「機密代理人」及「私人祕書」。鴉片戰爭後，福士還在美國為伍家代管鉅款，經營證券投資。還有一個旗昌股東威廉·亨特（William C. Hunter），十幾歲來到中國。西元 1826 年春節，他應邀到伍秉鑑的大兒子家作客，受到伍家女眷的熱情接待，這與當時行商巴結外商的風氣有關。當時人張杓曾尖銳批評這種風氣，指出：「賤大夫欲求壟斷，既竭其能，而資本不充者復存賒欠之心，無不曲意迎逢，冀夷人之私我。於是有挾妓而與遊者，有買妾而持贈者，甚至有以妻妾行酒而博其歡笑者，可謂有靦面目全無心肝矣。」而伍家正是這種「靦面目全無心肝」者的典型代表。

西元 1813 年初，旗昌股東亨特等幾個行員為將要回國的顧盛餞行，邀請顧盛的「老朋友浩官」參加，浩官沒有赴宴，但為宴會送來了精美的燕窩湯，亨特等則回贈一隻珍貴的馬尼拉火雞。

美國商人還時常津津樂道於伍秉鑑在金錢上的慷慨。西元

1823 年，由伍秉鑑作保的一家美商行號的買辦挪用該行庫款經營投機，未能歸還，被發現後，「浩官大為震怒，當晚就將所短少的款項送交該行，數目在五萬元以上」。還有一次，一名破產的波士頓商人欠伍家 72,000 元無法償還，不能回國，伍秉鑑請他去問明情況後，將其留存的期票當面撕毀，把欠款一筆勾銷。這些事例，被美國人認為是「中美商人友好的象徵」。可見伍家為了自己的利益，在討好外商方面是不遺餘力的。

▍買辦商人

伍家與外商的聯絡越密切，其買辦化的趨向也就越明顯，由封建官商轉化為買辦商人已是勢在必行。伍家在許多事務中所扮演的角色，恰恰表明了這一點。

鴉片戰爭前，由於行商兼辦某些對外事務，伍家作為總商之首，遇有外商和官府糾紛事件，或民「夷」糾紛事件，都必須出場。

處理官「夷」衝突，伍家主要是緩和矛盾，協調兩者關係。例如，道光十六年（西元 1836 年），義律被任命為總監督，於次年 4 月 12 日到達廣州，向總督遞稟。19 日，總督的答諭責怪他不恭，要他遵守舊例。義律接到浩官轉來的諭令後，十分氣憤，聲稱他將離開廣州。浩官懇求他再寫一信做解釋，義律同意照辦。22 日義律又威脅道，如果四天內得不到滿意的答覆，

他將離開廣州。經浩官一再懇求，同意把時間限在 28 日午夜。浩官為此奔走調停，兩天後，總督下了「滿意」的答諭，義律才繼續留在廣州，暫時避免了衝突危機。

至於民「夷」衝突，伍家則完全實行助「夷」抑民。西元 1820 年 11 月，黃埔一艘英國駁艇的英人開槍打死一個中國人，兇手逃跑。12 月有一英國輪船的屠夫自殺，浩官為公司大班出謀劃策，要其利用這個事件，證實屠夫是開槍那個人，從而為英國輪船開脫罪名。相反，如果是外國人受到傷害，則伍家的態度完全不同。西元 1833 年，英國鴉片販子因義士 (J.Innes) 被一中國苦力打傷，他脅迫浩官將苦力報官懲罰，否則將放火燒海關監督的房子。浩官十分害怕，第二天，就將苦力公開懲罰，要他肩負寫有他的罪行的木枷遊遍廣州。西元 1838 年 12 月 12 日，廣東官吏在商館前處決中國鴉片販子何老近，遭到外國鴉片販子的破壞搗亂，引起人民的憤慨，廣東群眾近萬人自動發起包圍商館的大示威。外商向伍秉鑑告急，他立即派人送信給廣州知府，策動官吏把群眾驅散。伍家在維護外商利益方面，可謂不遺餘力。

在林則徐禁菸運動中，一向包庇鴉片貿易，和外國侵略者串通走私鴉片的伍家，更是想方設法企圖使外國侵略者避免禁菸運動的打擊。西元 1838 年 12 月 31 日，林則徐被任命為欽差大臣，前來廣東查禁鴉片。1 月 30 日，浩官拜訪義律，告知林則徐即將到達的消息，建議他採取必要的措施。3 月 18 日，林

則徐到達廣州後，傳見伍家等行商，令伍紹榮等到商館傳諭外國鴉片販子，限三天內繳菸具結，否則將行商中的兩人正法。為了度過難關，伍秉鑑勸外商繳出一小部分鴉片加以應付。晚上，他甚至跑到旗昌大股東格林（J C Green）的辦公室，懇求他答應在上繳的鴉片菸數之外，再加繳 150 箱，所值 105,000 元由他償付。

不過，林則徐識破了伍家與外國鴉片販子的陰謀。22 日，林則徐決定傳見英國大鴉片販子顛地。23 日，為了進一步施加壓力，將伍紹榮等人革去職銜，逮捕入獄。將伍秉鑑摘去頂戴，戴上鎖鏈，令其前往寶順洋館，催促顛地進城。伍秉鑑「苦苦哀求，指著自己丟了頂戴的帽子和脖上的鎖鏈說，如果顛地不進城，他肯定會被處死」。24 日，義律到達廣州，林則徐將伍紹榮放出，再令其帶諭帖到商館，令外商繳出全部鴉片，限三日內取結稟覆。當晚，義律企圖帶顛地逃跑，林立即封鎖商館。商館封鎖期間，浩官設法接濟，預先幫格林買進了糖、食油、水和其他東西。幾天後，又透過他的兩個苦力，塞給亨特一個小包，「裡面包著兩隻煮雞，一條火腿，三個麵包和一些餅乾」。在禁菸運動中，伍家與侵略者的勾結進一步加深。

雖然如此，伍家與官府的關係仍然緊密。林則徐與美國人的接觸，就是由伍家作居間的。例如林則徐與美國傳教士伯駕的接觸，都是透過浩官溝通，林則徐曾經透過伍家，向伯駕徵詢治療鴉片吸食者的處方。

　　而伍家的財力，又是林則徐籌措廣東防務費用的重要財源。西元 1839 年 3 月，鄧廷楨在虎門創設木牌鐵鏈、添置炮臺，就由伍紹榮等「捐銀十萬兩，以供需要」。西元 1840 年 5 月，伍紹榮等願繳三年茶行收入以充防英軍費。

　　鴉片戰爭中，伍家成為廣東當局居間妥協投降的主角。首先，伍家為琦善與義律的妥協居間。西元 1841 年 2 月 11 日，琦善與義律在虎門蛇頭灣會晤，便帶同伍秉鑑和伍紹榮一道參加。

　　其次，為楊芳與義律的妥協居間。西元 1841 年 3 月 2 日，英軍進攻黃埔。3 日，餘保純透過浩官和美國領事的居間，求見義律，達成停戰三天的妥協。浩官又向英軍透露琦善被削職解京、楊芳等即將來粵的消息。5 日，楊芳到達廣州，18 日義律率兵船攻入省河，占領商館，威脅廣州。雙方透過伍敦元達成停戰協定。此後，廣州恢復通商達兩月之久，使侵略者重開中斷了一年多的茶葉貿易，英國財政部獲利 300 萬英鎊，中國官府和行商也得到幾乎是以前兩倍的稅收，伍家居中調停的結果，使官府、外商、行商都獲得了利益。

　　再次，為奕山與義律的妥協居間。4 月 14 日，奕山到達廣州。5 月 21 日戰事再起。25 日，英軍攻占廣州城外各炮臺。26 日，廣州城上遍插白旗，奕山派餘保純出城，由伍紹榮陪同與義律談判。27 日，餘保純代表奕山與義律達成賠款 600 萬元，奕山等退出廣州的協定。就這樣，在伍紹榮的調停下，奕山以

賠款 600 萬元的條件，解了廣州之圍。

伍家在廣州城下之盟中的作用，引起清朝統治集團投降派的重視，曾計劃讓他們參與《南京條約》的談判。後來《南京條約》簽訂，中國進入半殖民地半封建社會，伍氏家族也由封建官商轉化為最早的買辦商人。

▍由盛轉衰

道光二十三年至同治二年（西元 1843 ～ 1863 年），是伍氏家族由盛轉衰的時期，這一時期，是中外反動勢力由衝突逐步走向合作的時期。在這個過程中，伍家在經濟、政治上進行了廣泛的活動，發揮了政治掮客的作用，成為中國買辦勢力的重要代表。

道光二十三年（西元 1843 年），伍崇耀繼承產業後，在經濟上，與外國商人發展密切的信貸關係，進而附股於外商企業，在國外經營證券投資。透過這些方式，伍家累積了大量的財富，過著奢華的生活。伍家擁有大量的房產，其中包括今廣州河南海幢公園西側溪峽一帶，這裡的亭臺樓閣，雕梁畫棟，裝飾華麗。伍崇耀位於西園的粵雅堂，「洞房連閣，半廊半郊，傍山帶江，饒水富竹」。他在城外的遠愛樓、仁信樓和仁義棧房，在侵略者進入廣州城以前，成為廣東大吏會見外國使節的地方。

在政治上，伍崇耀更是積極活動，協調官府與外國侵略者

之間的關係，成為歷屆廣東大吏的「洋務委員」。對英國侵略者處處採取迎合效力的態度，盡心盡力地為侵略者四處奔走。

伍崇耀於西元 1863 年 12 月 4 日病逝，終年 54 歲。中外反動派表示惋惜，而人民則拍手稱快，均以死一大漢奸為幸事。

伍崇耀死後，伍氏家族迅速走上衰落的道路。其原因客觀上是因為鴉片戰爭後，行商失去壟斷貿易的特權。中國對外貿易的中心又從廣州移到上海，對於行商的利益是一個打擊。尤其是西元 1856 年，廣州十三行被民眾燒毀，使伍家不可能保持昔日的商業規模，增值財富。而從鴉片戰爭開始，清政府對外妥協的賠款，對內鎮壓的經費，相當一部分靠廣東行商捐輸，伍家更是首當其衝，支出最大。因此在近代買辦勢力活動的中心從廣州轉移到上海之後，伍氏家族已失去了進行活動的重要條件。在主觀上，伍氏子弟不求上進、奢侈無度而又不善經營，因此，伍氏家族迅速走向衰落是不可避免的了。

紅頂商人胡雪巖生財有道

胡雪巖是一個帶有傳奇色彩的人物。

西元 1823 年的一個夜晚，月明星稀，安徽績溪街上的一間破瓦房裡傳來嬰兒的啼哭聲，那哭聲分外的響亮。一位老人推門進去拱手相賀說：此孩子聲音好響亮，今後一定有出息！

這孩子就是胡雪巖，他應驗了老人的話，幾十年後他成了

徽商中的鉅富，成了徽商中的頂尖人物。

胡雪巖 20 歲左右時，遇到了一位名叫王有齡的人。這次邂逅，成了胡雪巖一生之中的第一次重大轉機。

胡雪巖是安徽績溪人，很小時候父親就去世了，因為家貧，他從小就在錢莊裡當學徒，最初掃地倒溺壺，後做夥計。因他聰明伶俐，善於識人，而且能言善道，做事情講義氣，很受錢莊財東及其他夥計的信任。

王有齡父親是候補道，因病而故，沒有留下多少財產。王有齡有心捐官，卻沒有本錢。

胡雪巖決心助王有齡一臂之力。他將一筆錢莊未能收回，已經認賠作帳的錢，憑個人在外的名聲，向欠債人索還，竟然得以追回，他旋即將此錢交給王有齡。錢莊得知此事，不禁大怒，同行都說他膽大妄為，擅作主張，甚至有人懷疑胡雪巖在中間搗鬼，挪用這筆錢去償還賭債。

正當胡雪巖處境艱難、落魄受氣的時候，王有齡出現了。

王有齡依靠官至江蘇學政的兒時玩伴何桂清的交情，成了浙江撫臺面前的紅人，巡撫黃宗漢委任他做海運局的坐辦。海運局是為漕米而專設的，總辦由藩司兼領，坐辦是實際的主持人。

王有齡要替胡雪巖出氣，準備到錢莊去擺擺官架子，胡雪巖反倒不願讓他報復錢莊的「大夥」，而是藉此給錢莊的同行們每人送了一份禮。錢莊的同事無不對胡雪巖心服口服。

　　王有齡負責海運漕米，費力不討好。胡雪巖替王有齡出了妙計，買商米代墊漕米。買商米的錢，由胡雪巖說服自己當夥計的錢莊去墊撥。錢莊看到是海運局這個衙門做後盾，又是胡雪巖在勸說，便接受了胡雪巖的建議。

　　事情經胡雪巖一手調理，進行得非常順利，漕運糧食代墊之事完成之後，王有齡受到經常「勾兌」的巡撫大人的回報，署理湖州府。

　　胡雪巖得到王有齡的支援，自設錢莊，名叫「阜康」。「阜康」的檔手臺面放得開，剛開業就做了幾手博得錢業同行喝彩的事。

　　胡雪巖利用王有齡署理湖州之便，到湖州運絲倒賣，繼而倒賣軍火，和洋人打起交道。

　　胡雪巖交人講義氣，會察顏觀色，投其所好，出手又大方。三教九流，官衙錢莊，均結下了好人緣。為了拜見何桂清，胡雪巖忍痛將自己的新歡阿巧姐讓給了何桂清。

　　後來，王有齡又出任浙江巡撫，有王的支援，胡雪巖更是如虎添翼。

▌胡慶餘堂

　　西元 1874 年，家資 3,000 萬，營絲業茶，執江浙商業牛耳的胡雪巖，為了打破「葉種德堂」藥鋪在杭州獨家經營國藥業的

壟斷局面，投資 20 萬兩銀子，創辦了「胡慶餘堂」。

在胡慶餘堂藥店，有一個十分獨特的設計，它的四十多塊匾額、招牌，大都朝外掛，面向顧客，惟獨有一塊牌匾朝裡掛，面對著坐堂經理，這就是世人矚目的「戒欺匾」，匾上鐫有店主胡雪巖親手撰就的 80 字鼎鼎銘文「凡貿易均不得欺字，藥業關係性命，尤為萬不可欺。余存心濟世，不得以劣品弋取厚利，惟願諸君心餘之力，採辦務真，修致務精，不至欺予以欺世人，是則之造福冥冥，謂諸君之善為予謀也可，謂諸君之善自為謀也亦可。」這篇〈戒欺銘〉真言真語，實心實意，今天讀來仍使人為之動容。在欺詐遍地，撞騙塞途的黑暗中國，一介商人有如此膽識作為，正反映了胡雪巖經營胡慶餘堂的根本宗旨和他的經營襟懷。

胡雪巖雖然不懂醫藥之術，卻精通經營之道，藥店店堂建成之初，他開宗明義，提筆撰就這篇〈戒欺銘〉，為胡慶餘堂藥店奠定了誠實經營，不欺招客的經營思想基礎。

這篇〈戒欺銘〉絕非宣傳性文字，而是胡慶餘堂百年來恪守不殆的經營宗旨。他們說到做到，藥店開業不久，胡雪巖朝珠甫友掛，翎頂煌煌親自站櫃臺招待顧客。有一次，他見一農夫對所購的藥劑微露不悅之色，即上前審視，農夫說藥料有欠善之處，他當面致歉，答應立即更換。農夫喜出望外，逢人便講，使人們對胡慶餘堂的「戒欺」心服口服，愈加信任。醫家推薦，患者專囑，非抓胡慶餘堂的藥才會藥到病除，使藥店名聲

遐邇。

為了證實誠實不欺，胡雪巖還規定：藥店每年入伏頭一天，要命藥工燒煮大量藥茶擺放在店堂，免費供應杭州市民。這些藥茶清涼解暑，預防夏令疾病，真工實料，當地居民紛紛前來飲用，有的甚至用提桶來挑，胡慶餘堂暢門供應，人們飲用後感到很有療效，慕名紛至，使藥店名揚蘇杭。

為實現以誠立質，貿易不欺的經營宗旨，胡雪巖特別強調經營藥業必須要有對人性命負責的精神，絕不能以劣品弋取厚利。為此，他為胡慶餘堂的產品製作制定出「採辦務真，修制務精」的八字方針，指導胡慶餘堂以真工實料來奪取市場的主要地位。

為創造出自己有競爭力的產品，在經營方向上，他見國藥丸散膏丹方面有百年老店同仁堂獨領風騷，自己無意與之硬拚，便避實擊虛，採取「你北我南，各走一邊」的經營策略，引導胡慶餘堂在湯劑組片方面獨樹一幟，闖出自己的牌子。為此，他不怕花本錢，買來中國歷史上第一家國家藥局——南宋太平惠民和劑藥局的大部分具有國家級醫藥水準的科學驗方，連「藥局」的大匾都買來掛在胡慶餘堂的門首，以顯示藥品的絕佳品質，為胡慶餘堂配製中成藥劑的經營特色打下了技術基礎。

在藥材選購上，他發揮自己多財善賈的優勢，在各名貴藥材產地設有專門坐莊，定點選購，並直接貸款給藥農改善藥材

栽培技術，提高品質。為提高組片業務的知名度，他廣集天下的名藥材，驢皮輸自河南北新集，山藥來自淮河所產，當歸屬秦隴；陝甘買黨參，雲貴收麝香，東北進人參，使天下珍品一店總彙，使胡慶餘堂成為國藥業中湯劑組片業務的泰斗。

對藥品製作更是「修制務精」，實行一條龍專業化分工協作，自辦膠廠、鹿園，又專設飲片、參燕、切藥、丸散、採選、炮製、細貨、儲膠、配製、細料、郵寄 11 個專業工場和門市部，其內部分工之細密，堪稱國藥業中之翹楚。

對成藥製作更為精心獨到，嚴格管理。「闢瘟丹」是胡慶餘堂專治吐瀉、霍亂等症的夏令名藥，為保證藥質純正，胡慶餘堂規定藥工必須「戒齋沐浴」方准開始操作。「戒齋」即藥工製藥期間不許吃葷菜，以防腸道疾病汙染藥物；「沐浴」是指製藥期間，藥工必須每天洗澡一次，保持清潔。「龍虎丸」的製作更嚴格玄妙。這是一味專制癲狂的良藥，裡面含有砒霜，要求充分攪拌均勻，當時尚無專用機械裝置，胡慶餘堂就設計出一個絕妙的辦法，在配料攪拌過程中命藥工在特製的粉篩上寫「龍虎」二字各 999 遍，先順寫一遍，再倒寫一遍，用工雖繁，卻使造出的藥丸藥力均勻，安全可靠。胡慶餘堂另有一種名藥叫「紫雪丹」是急救藥，最後一道工序古方要求不能用鋼鐵鍋熬製，以免化學反應，胡雪巖請來能工巧匠，特製了一套銀鍋金鏟，一隻金鏟重 135 克，銀鍋重 1,835 克，這種金銀工具在當時國藥業中並不多見，現今仍存放在胡慶餘堂藥廠的小型博物館中，成為

他們精工細作，提高藥效的歷史見證。

胡慶餘堂藥品闖出名氣後，為了擴大影響，廣為招徠，胡雪巖以誠立質，捐贈義藥，資助慈善，以博得誠心濟世，造福民眾的良好信譽，使胡慶餘堂的名聲很快傳遍全國。

藥店設立之初，胡雪巖就派人到杭嘉湖和長江流域進行調查，發現太平天國革命失敗後，清軍屠殺無辜，大兵過後必有凶年，城鄉瘟疫流行，死人很多，極需藥品。為表明自己誠心濟世的經營理念，他不惜血本，免費向這一地區大量贈送專治霍亂和中暑的痧藥，連續三年沒有間斷，為制止流疾，克盡綿薄。三年後，大見成效，杭嘉湖及長江一帶的民眾為胡慶餘堂的藥品療效所傾倒，紛紛前來掛匾致謝，使藥店一下子獲得了極廣大的市場。後來，左宗棠率軍收復新疆，淮軍北上，水土不服，軍中疾病流傳，胡慶餘堂又大量捐贈陝甘各軍應驗膏丹丸散和地道藥材，數量甚巨，所費不貲，西北軍民對胡慶餘堂的輸誠愛國很感動，使藥店在北方也很有影響力。

胡雪巖誠心濟世還表現在他發財不忘鄉黨，大力資助地方公益事業，他見人們渡錢塘江很困難，就捐資設立「錢江義渡」，惠及行旅，使民眾對胡慶餘堂很有好感，專門勒石於渡口，以志謝意。這些做法雖然所費甚巨，卻使民眾對胡慶餘堂的誠實經營精神心悅誠服，企業因此而獲得了廣大的市場。

「死店活人開，經營在人才」，胡雪巖雖然不通醫術，卻極

精經營之道，他深知人才是企業經營成敗的關鍵，有人才者，衰而能興；無人才者，興而必衰。因此，藥店設立之初，他就到處物色經理人選，誠心誠意地考求經營能手，並把競爭機制引入人才遴選，百年前已採取公開招聘、店堂答辯的形式進行人才選拔，為我們留下可貴的遺產。

胡慶餘堂招聘經理的告示貼出後，第一個前來應聘答辯的是一位算盤極精的人，他認為胡雪巖花大本錢辦藥店，無非是為了賺錢，就苦思冥想地算了一筆賺錢帳，提出若以他為經理，可保證胡慶餘堂每年可賺 10 萬兩白銀。胡雪巖聽後一笑置之，他認為只想賺錢的人，一定不會是賺錢好手。第二位應聘者比第一位高明，他提出自己的經營目標是頭二年少賺些錢，以後再設法賺大錢。胡雪巖認為這是小家子經營方式，目光短淺，不足與謀。第三位應聘者是松江縣余天成藥號經理余修初，此人工陶朱之術，身手不凡，他告訴胡雪巖，若讓他當經理，定能使胡慶餘堂成為天下聞名的大藥店。他的經營方針是誠招天下客，利從信中來，為了樹立誠實不欺的信譽，先要勇於拋血本，不妨先虧三年，待創出牌子，占領了市場，人們聞聲紛來，何愁無錢可賺。胡雪巖聽後正中下懷，認為這才是做大買賣的氣度，當場拍板聘用。果然不出他之所料，余修初上任後，大刀闊斧地銳意經營，和胡雪巖一道演出了一幕幕氣勢蓋人的經營活劇。

胡雪巖的「以誠立質」經營思想，不僅表現在經營上誠實不

欺，樹立信譽，還表現在他對經營國藥事業誠心不貳，敢拋大血本營造「胡慶餘堂」豪華店堂，以其店堂建築的優美古典風格而使藥店蜚名中外，使人們在遊覽這座「花園藥房」的雄渾建築時領略胡雪巖經營藥業，誠心濟世的胸懷，表現了中國實業家高屋建瓴，長線遠鶴的經營手法。

胡慶餘堂藥店坐落在風景秀麗的杭州吳山腳下，門面是一道方磚對角的「神農式」青磚高牆，勢若重天，兩扇獸頭銅環大門，氣度不凡。跨過門樓，「進內交易」四個鎏金大字躍入眼簾，門庭拐角拾級而上，轉入鶴頸長廊，右懸 30 塊金字藥丸廣告牌，一字排開，氣勢宏偉；左塑「白娘子盜仙草」圖案優美，寓意深刻。向前稍移跬步，入八角石門洞，抬頭仰望，青磚雕出「高入雲」字樣，如臨仙境，長廊末端的「四角亭」趣意逗人，左下側設「美人靠」供人小憩，亭子連線天井，有曲橋噴泉，金魚戲水，情趣盎然，過四角亭右邊便是藥店正門，上掛「藥局」橫匾，入門才為營業大廳。廳內兩旁清一色金漆木製高櫃臺，臺後是高大的「百眼櫥」，陳列各種色澤殊異的瓷瓶和錫罐，與四周的雕欄玉柱，飛簷畫廊交相輝映，一派富麗堂皇。左右兩側「和合」櫃臺上兩副藏頭躲尾的對聯，展現出胡慶餘堂的寓意和經營宗旨，左邊是「慶雲在霄甘露披野，餘糧訪禹本草師農。」右邊是「益壽延年長生集慶，兼收並蓄待用有餘。」整個建築狀如仙鶴，藏舟於壑，變雅為俗，令人傾倒，成為中國古典建築藝術的代表之一。為建造這座風格獨特的店堂，胡雪

巖一次耗資 20 萬兩白銀，如此血本，一般店家嘆為觀止，而胡雪巖卻別有心計，他懂得廣告成本核算，他算過一筆帳：每年印刷書籍，登報、施藥的廣告費用總計達萬兩銀子，而建造店堂耗資 20 萬兩，若以一百年折舊計算，每年只花費兩千銀子，更何況這一典雅建築，名揚中外，成為西湖名勝的重要景點，吸引了大批顧客參觀遊覽，按需購藥，其宣傳效果比花錢登廣告划算得多。充分反映了胡雪巖「人圖近利，我圖遠功」的經營氣魄。

▌紅頂商人

太平軍進攻江蘇浙江那幾年，胡雪巖已經站穩了腳跟。第一是錢莊，這是他的根本。第二是絲，第三是典當和藥店。在胡雪巖看來，開典當和藥店是為了方便窮人，要讓老百姓都曉得胡雪巖的名字，這是利人利己，一等一的好事。同時他又著手與民生國計有關的大事業，準備利用漕幫的人力，水路上的勢力跟現成的船隻，承攬公私貨運，同時以松江漕幫的米行為基礎，大規模販賣糧食。

太平軍李秀成率兵圍困杭州，過了四十天，城內鬧起饑荒，受王有齡委託，胡雪巖潛出杭州城，到上海辦米，米是買到了，但太平軍把杭州城圍得如鐵桶一般，卻運不進去。

杭州城終於不保，王有齡在巡撫衙門上吊殉節。

　　左宗棠從安徽進入浙江，任命浙江藩司蔣益澧為主將，攻奪杭州。

　　清軍奪回杭州，胡雪巖隨即用船運來一萬石糧食，令清軍將領和城中軍民驚喜交集。蔣益澧將藩庫的收支，均交「阜康」代理。又派軍官，送胡雪巖到餘杭拜見左宗棠。

　　左宗棠本來對胡雪巖有成見，他聽外界傳聞說胡雪巖在公款上做有手腳，又覺得以胡雪巖與王有齡的關係，胡竟然不能與王有齡共生死。

　　胡雪巖見到左宗棠，款訴心曲，又多謙恭有禮，左宗棠遂有好感。得知胡雪巖這一萬石米到杭州，解救了清軍與杭州百姓的口糧，左宗棠便對胡雪巖賞識有加。胡雪巖相識左宗棠，這是他人生第二次大轉機。

　　胡雪巖不失時機，幫助左宗棠籌得軍餉，左更是對胡雪巖另眼相看，視為股肱。

　　左宗棠後調任福建，胡雪巖專駐上海，為左經理軍餉、軍糧和軍裝軍械。

　　胡雪巖本是「鹽運使銜」的「江西試用道」，左宗棠奏請朝廷「以道員補用，並請賞加按察使銜」。

　　由於胡雪巖為左宗棠部籌餉、籌糧業績著卓，左宗棠在調任陝甘總督時，密保胡雪巖升職，措詞極有分量，懇請朝廷「破格優獎，以昭鼓勵，可否賞加布政使銜」。

胡雪巖被任命為布政使，他原銜按察使，為臬司，是正三品，戴藍頂子，布政使是藩司，從二品，戴紅頂子。

胡雪巖以一個商人身分戴上了紅頂子，成了當時全國的頭號官商。

他的家業資產在當時是無與倫比的。

他把徽幫的聲譽推到了極致。

盛宣懷先人一著

創辦和經營輪船招商局：鋒芒初露

盛宣懷（西元 1844～1916 年），字杏蓀，江蘇武進縣（今常州市）人。出生和成長於一個封建官吏家庭。祖父盛隆是個舉人，當過浙江海寧州知州；父親盛康是個進士，曾任過多種官職。盛康較注重經世致用之學，曾輯有《皇朝經世文續編》一書。盛宣懷生長於這樣的家庭，自然在接受封建教育方面有較優越的條件，同時父親的經世致用思想也從小給他以影響，使他比較注意社會實際問題。

盛宣懷童年時，時而隨父住在官邸，時而回常州老家讀孔孟經書，還曾一度隨祖父避難於蘇北鹽城。17 歲時，盛宣懷隨祖父祖母來到湖北，與這裡任湖北糧道的父親會合。此後他居

湖北達五六年之久，在其一生中，這五六年相當重要，初步奠定了他後來經世致用、洋務吏治等方面的思想和實踐的基礎。

盛宣懷在湖北期間，曾幫助父親解決了一些時政問題，本來就很注重經世致用的盛康，由是益勉其子宣懷致力於「有用之學」。盛宣懷也確實不負所望，時與鄂中賢士切磋時務，漸漸地，越來越對八股文失去興趣。同治五年（西元 1866 年），他回常州原籍應童子試，中了秀才，以後 3 次應鄉試均名落孫山，從此絕意於科舉，決心放棄正途登晉，另闢新徑。

同治九年（西元 1870 年），李鴻章奉命督師入陝，進攻起義軍，正值帳下用人之際，有人推薦了盛宣懷。李鴻章早年與盛康交好，對這位世侄頗為器重和賞識。當即委任為行營文案兼充營務處會辦。盛宣懷從此即隨侍在李鴻章左右，這是他一生有所作為的起點。

在李鴻章身邊，盛宣懷兢兢業業地做事，充分顯露了多方面才華，頗為李鴻章賞識，不久，李鴻章調任直隸總督，赴職天津，把盛宣懷也帶在身邊，以幫助籌劃一切。很快，盛被仕命為會辦陝甘後路糧臺並署理淮軍後路營務處工作。新差事使他能經常往來於津滬等地，採辦軍需物品，由此接觸到一些新思想新技術。由於工作卓有成績，再加上李鴻章的信任與提拔，盛宣懷的職銜上升很快，從軍年餘，即被薦升知府，道員銜，並獲得賞花翎二品頂戴的榮譽。

　　青少年時期的經歷和在李鴻章幕下的見聞，使盛宣懷意識到，要使國家富強，應發展以先進科學技術引導的近代工商業，亦即當時所稱的洋務企業。鑑於第二次鴉片戰爭以來外國輪船日益增多地航行於沿海和長江口岸，攬載客貨，獲利甚豐，中國一些有識之士也想自己辦輪船航運，奪回利權。盛宣懷亦意識到此，遂在同治十一年（西元 1872 年）上書李鴻章，建議「由官設局」，「試辦招商」，設立輪船招商局。李鴻章同意他的意見，並讓他籌辦此事。從此，盛宣懷開始了他創辦洋務企業的活動。

　　輪船招商局初辦之時，承辦者意見很不一致，盛宣懷主張商辦，其他人主張官辦。盛的意見最後被否決。招商局成了招商官辦性質的輪船航運局，主要任務是運漕糧。由於官辦輪運從一開始就暴露了它的局限性，即僅僅送漕糧，不攬載客貨，發揮不了與洋商爭利的作用，所以也難以持久。開辦僅幾個月，招商局就維持不下去了，只得轉而籌議商辦事宜。於是，盛宣懷又為招商局重擬了章程，裡面貫穿著為商人設身處地著想的精神，體現了「先顧商情」的原則，即商股商辦。根據新章程，同治十二年（西元 1873 年），李鴻章派人赴上海，招致股實公正紳商，參與招商局的經營。由於盛宣懷具有「官」、「商」兩種特性，既有「官」的身分，又因主張商辦而使「商」的傾向性十分明顯，所以李鴻章起初想讓他總辦招商局，欲借重他聯絡官商，發揮中介作用。盛宣懷自己也躍躍欲試，準備做總辦。

但後來李鴻章考慮到招股集資，主要是面向買辦商人，而盛宣懷未做過買辦，與這方面人缺乏聯絡，他的集資關係是在封建官吏和士紳方面。以是之故，李鴻章任命大買辦唐廷樞為招商局總辦，盛宣懷只做了個會辦。不過他這個會辦要兼管漕運和攬載二事，地位還是相當重要的。

輪船招商局成立伊始，即遇到一個主要競爭對手美國旗昌輪船公司。該公司歷史久，實力強，欲以其優勢擠垮新出現的招商局，保護自己的商業利益。它把運費減至一半或六七成，透過壓價競爭的方式排擠招商局。招商局雖力量薄弱，但官商協力，團結一心，克服了重重困難和壓力，不但沒有垮下來，反而稍有贏利。而旗昌公司在競爭中並沒有得到好處，「力爭一年，暗虧已重」，百兩股票價格跌至六七十兩，損失慘重。招商局對旗昌的勝利，盛宣懷是發揮了很大作用的。他始終堅持以我為主、協同振作的方針，強調招商局是主，旗昌為客，主占地利人和，只要團結一致，協力進取，定能變不利為有利，反敗為勝。有了這種精神，雖然旗昌有資本 200 萬兩，招商局資本僅數十萬兩，力量懸殊，但招商局還是使旗昌認了輸，併購買了旗昌船產，將其吞併。

收購旗昌是盛宣懷經辦的一件大事。議買旗昌船產時，會辦徐潤與盛宣懷有些分歧，於是盛宣懷請示了兩江總督沈葆禎，最後定下「購買」這一大前提，徐潤代表招商局與旗昌協議，簽下草約，正約則由盛宣懷完成，籌款付錢也系盛宣懷「一

人之功」。收買旗昌壯大了招商局的力量，增強了它在航運競爭中的實力。

收併旗昌後，招商局面對的主要競爭對手改為英商太古輪船公司與怡和輪船公司。為了擠垮招商局，太古、怡和仍採用旗昌的手段，即降低運費以為招徠，結果同樣沒有達到目的。之所以如此，除了由於招商局業務不僅有攬載客貨，尚有漕米運輸，而且各項費用均比洋商節儉外，也與盛宣懷等人的競爭指導方針有關。盛不畏洋商，從民族資本的利益出發考慮洋商的特性，認為彼既為謀利而來，就不可能長期折價運輸，而招商局卻有條件長期與之較量，因為招商局只要運 3 個月漕糧，收入即可維持自身將近一年的費用，所以長期競爭下去，首先對洋商不利。他預見到「太古爭衡，勢亦不久」。這種想法就是招商局競爭取勝的精神保證。果然，時間一長，太古、怡和堅持不下去了，被迫在光緒三年（西元 1877 年）冬，與招商局簽訂了第一次齊價合同。

在招商局戰勝了太古、怡和的競爭並已站穩腳跟的情況下，盛宣懷開始把工作重心放在對招商局內部的整頓上。他先是針對招商局存在的問題提出整頓意見 8 條，後又就海關總稅務司赫德所擬《整頓招商局條陳》，發表了招商局的弊源和救弊之法的意見。盛宣懷所提之法的根本著眼點在於增加贏利。為此他建議首先要購造先進的新式輪船，免除招商局歷年所購船隻價昂、破舊、耗煤多、行駛慢的弊病，把這些舊船酌量減

價陸續出售，將售得之款存放起來，以備隨時購進耗煤少、行駛快、裝貨多的新船。這種救弊之法，就是降低消耗，增加效益和利潤，達到競勝目的的資本主義經營之法。其次他建議不任用洋人管事，以省開支。招商局創設，他就主張戒用洋人管事。收併旗昌後，洋人隨同旗昌船產一起移交過來。這些洋人薪資很高，但做事不力，十分浪費，所以盛宣懷極力想把他們「斥退」出局。再次他主張不准任用私人，凡屬局員之親戚本家，均應避嫌辭職。盛宣懷的這些建議與主張對於企業降低成本、提高生產效率、加強競爭能力都是有益的，符合近代企業經營原則。

盛宣懷所提的改進意見，基本上得到清政府的認可，實行後，對招商局產生了良好的作用，這可從西元 1878～1881 年間的贏利情況得到證明。4 年裡，招商局共得運費 1,300 餘萬，扣除修船費、官利及提存保險外，淨得盈餘 200 餘萬。全域性 30 艘輪船，也全部折舊換新。與以往相比，招商局取得了了不起的進步，這其中自有盛宣懷謀劃之功。

購買旗昌船產和整頓招商局兩事充分表明盛宣懷具備經營近代企業的超群才幹。他善於分析競爭雙方各自的優勢和劣勢，在此基礎上勇於果斷決策並且堅持貫徹下去，顯示出一種超凡的膽略和氣魄。在經營管理上，他引進資本主義的經營之法，注重提高生產效率，從而加強了企業的競爭能力。

▎開辦礦業：一波三折

輪船招商局是洋務派興辦的第一個民用企業，這之後，洋務企業又向其他方面進一步拓展。在工業生產領域，首先興辦的是礦業，即煤炭、金屬礦的開採和冶煉。這是由於軍事工業的發展和輪船航運的興起，急需金屬原料和燃料的緣故。在興辦礦業的熱潮中，盛宣懷積極參與其事，成了礦務企業的創業者之一。

光緒元年（西元 1875 年），盛宣懷開始經營湖北省廣濟、大冶煤鐵礦，該礦是清政府最早用洋法開辦的 3 個煤礦之一。盛宣懷之所以熱衷於此，乃在於此時各製造局和招商局輪船需煤甚多，煤之銷路甚好，另外也可由此「敵洋產」，減少外國煤炭的進口。李鴻章對盛宣懷辦湖北煤鐵開採給予了很大的支援，期望甚高，他想把湖北作為辦礦典型，成功了再向其他地區推廣。有李鴻章作後盾，盛宣懷對湖北礦業建設自然盡心盡力。

在籌備湖北煤鐵礦的過程中，盛宣懷在官辦、商辦還是官督商辦問題上，費盡了心思。他已有辦輪船招商局的經驗，深知這個問題關係到企業的發展前途。思前想後，他認為湖北礦務以仿照招商局的官督商辦形式為宜。在當時形勢下，官督商辦是切實可行的，有利於發展工礦業。盛宣懷以這種形式招徠資本，很快就得到 10 萬巨資。不久傳出消息，說政府欲將湖北之煤廠歸併於輪船招商局。聞此訊盛宣懷十分焦急，他上書李

鴻章反對歸併之事，認為這樣做勢必導致湖北煤廠的失敗。為了保證煤廠的順利開工，最後盛宣懷只好提出非其本意的官辦一法，以求盡快獲得政府的批准。經過一系列努力，政府終於正式批准成立官辦的湖北煤鐵開採總局，該局於光緒二年（西元1876年）初成立。

官本官辦是不得已而採取的辦法。盛宣懷在解決了由官督商辦改為官本官辦的問題後，立即進行開辦礦廠所需做的工作。首先是物色礦務人才。用西方先進技術開採礦產，在當時的中國系首創之事業，盛宣懷本人對開礦也毫無經驗，必須有專業礦務人才協助他，才能做好從勘礦、採礦到生產加工的一系列工作。所以盛宣懷急切地託人物色礦師，並予重金聘請。與此同時，他自己也到處尋找有關礦務的書籍，以期略知其理，從外行變為內行。經人介紹，他先聘請了洋礦師馬利為師，在發現該人技術平平後，便毫不猶豫地辭退掉，又聘請了英人郭師敦。郭不僅精通礦務之學，而且懂得機器原理，令盛宣懷非常滿意。

專業人才找到了，接下來就是積極勘礦、開採和冶煉了。盛宣懷的指導方針是「先煤後鐵」、「以鐵為正宗」。本著這一原則，盛宣懷在興濟探煤的同時，又派礦師到大冶勘探鐵礦，並決定到外國購買新機器，用洋法開採和冶煉。經過一段時間的艱苦努力，勘探終於有了眉目。光緒四年（西元1878年），盛宣懷親到大冶勘查鐵礦，經與礦師反覆切磋，證明該礦鐵的蘊藏

量豐富，極有開採價值。同年煉出鐵樣，品質令人十分滿意。

　　大冶鐵礦已勘查清楚，下一步就該採礦冶煉了，但此時查明原勘之廣濟煤煤質欠佳，煤層亦薄，滿足不了煉鐵之需。新找到的荊門當陽煤倒很合適，不過採掘起來，所需資金將大大超過原來估計的數字。湖北煤鐵開採總局開辦時，政府撥款並不很多，此時已用去一半以上，要把荊門當陽煤礦辦起來，靠現有經費根本不夠，政府又不可能增撥經費，所以盛宣懷主張招商辦理，把官辦改為商辦。李鴻章同意盛的建議，盛遂於光緒五年（西元 1879 年）結束湖北開採煤鐵總局，另開辦荊門礦務總局。荊門礦務總局招股開礦並不順利。開局之初，只招到 5,000 股，即銀 5 萬兩，距離煤鐵同辦需款數十萬兩之額相差甚遠。盛宣懷只好決定先用土法採煤，洋法煉鐵，但鐵礦需待煤無匱乏之虞時方可開設。至於規模，則由小而大，由淺入深，慢慢擴充。程序和規模既定，荊門煤鐵礦開始經營。一年多之後，再次招股，由於該礦經營不善，運輸困難，成本昂貴，無利可圖，故認購股票者寥寥。資本不足，荊門煤礦未能擴充，大冶熔鐵爐也未能開辦，預期目的沒有達到。於是李鴻章下令裁撤荊門礦務總局。盛宣懷賠墊了 1.6 萬餘串錢，直到光緒十年（西元 1884 年）始結案。

　　湖北煤鐵礦被裁撤之時，正是國內掀起投資辦礦熱潮之際。盛宣懷雖辦礦失敗，但他沒有氣餒，而是總結經驗教訓，又投入了這個熱潮。由於他的特殊身分，各省礦產開採大都與

他有一定的聯絡，或曾率礦師勘踏，或有股份在其中。他親自創辦的則為山東和遼寧金州等礦。光緒八年（西元 1882 年），他率礦師到山東登州等地勘查金屬礦藏，隨後又到遼寧金州勘查煤鐵礦；與此同時，著手招股 20 多萬兩，集資順利。但在金州礦籌辦過程中，由於他與礦師意見不一，加上各種困難，一時不能按預定計畫進行，礦股難以獲得，他遂把十餘萬兩的股資移入自己正經辦的閩浙電線工程中。此舉股東們並不反對，但遭到政府的指責，並給予盛宣懷一定處分。

盛宣懷創辦的礦業涉及到煤、鐵及其他各種金屬礦，成功率並不高，有些不能善始善終，半途而廢者較多。儘管如此，他畢竟在中國近代礦業建設中發揮了開路先鋒的作用。

經營電信業：遠見卓識

中國近代電信業的第一塊基石也是盛宣懷奠定的。電信業是近代社會的血脈，尤其為商務、軍務所必需，因而久為外國資本主義侵略者所垂涎。他們根據不平等條約得到在通商口岸敷設海線權利之後，又凱覦陸線。1860 ～ 70 年代，俄、英、美、法等國先後向清政府提出在中國架設電線的要求。西元 1865 年，英國人未得到中國政府的同意，在上海架設陸線 12 英里。西元 1875 年，丹麥大北電報公司又擅自在福建架設陸線。這些行徑雖然為中國百姓自發性的抵制所阻止，但是，盛宣懷

認為，只有中國發展自己的電信業，才能真正遏制外國勢力對中國電信業的滲透。他說：「伏念各國交涉常情，凡欲保我全權，只爭先人一著，是非中國先自設電線，無以遏其機而杜其漸。」字裡行間，表達了自辦電報業以保國權的主張。西元 1880 年，經清政府批准，盛宣懷在這年 4 月從天津、上海兩頭同時架設「南北洋電報」。10 月，在天津成立電報總局，12 月竣工。盛宣懷擔任電報總局總辦，盡力向全國發展架設電線。

盛宣懷經營電線電報業，表現出了非凡的才幹，這首先體現在他所擬定的《電報局招商章程》中。他從「必先利商務」這一根本目標出發，制定了一系列方針和措施。如在官股與商股的關係上，「官」需對「商」「護持」，從天津到上海近 3,000 里電線經費 20 萬兩，官商各半，但「利息出入全數歸商」，官本 10 年之內不提利息，10 年之後才和商本一律起息，息金仍存局作為加添官股；在維護企業自主權方面，規定各省官府電信一律收取現金，並且要先付款後發電，而且電報局內部管理，一概按經商原則，「官」不得干預等等。在具體經辦過程中，盛宣懷十分注意電報人才的培養，他專設了天津電報學堂，而且不斷增加辦學年限，培養了為數不少的專門人才，對促進中國電訊事業的發展發揮了很大作用。此外，盛宣懷還要求電線材料免稅，電報局用人「不得徇情濫收」，巡警沿途保護電線，電碼的規格和使用有一定之規。所有這些，都基本符合近代企業的贏利原則。

以贏利為原則辦企業，必然要和競爭對手發生衝突，電報業主要是和丹麥大北、英國大東兩家公司競爭。盛宣懷以維護主權為基本原則，抵制這兩家外國公司的侵權行為。經反覆交涉，於光緒十三年（西元 1887 年）與其簽訂了齊價合同。這一合同基本是平等的，對半殖民地中國的電報業而言，並無不利之處。齊價合同簽訂後，中國電報局年收入達 200 多萬元，除維持正常開支外，尚有節餘。光緒二十四年（西元 1898 年），又簽訂了第二次齊價合同，此後收入更是逐年增加。可見辦電報已產生了「分洋商之利」的作用。

除津滬電線外，盛宣懷在總辦電報局期間，還在不少地區推動架設了大量電線，大力促進了中國電線電報事業的發展。光緒八年（西元 1882 年），盛宣懷辦理蘇、浙、閩、粵等省陸上電線，次年辦長江線；光緒十至十一年（西元 1884～1885 年），因「海防吃緊」，設濟南至煙臺線，隨又添至威海、劉公島、金線頂等地方；光緒十五年（西元 1889 年）因東三省邊防需要，由奉天至吉林、琿春設線。另外，濟寧至開封、沙市至襄陽、襄陽至老河口、西安至老河口、武昌至長沙、長沙至湘潭、醴陵、萍鄉等線，也都是在盛宣懷主持下興建的。除這些幹線外，盛宣懷還促進興建了更多的支線，適應了商業經濟發展的需求。電線電報建設達到高峰時，全國電報商線縱橫達數萬里，有電報分局 100 多處。

▌督辦輪船招商局：一展雄才

　　光緒八年（西元 1882 年），盛宣懷因受人彈劾而暫時離開了輪船招商局，但他始終不甘心，一直在窺伺時機重回招商局，實現自己當督辦的願望。

　　這個時機終於被他等到了。光緒九年（西元 1883 年），因受世界資本主義經濟危機影響，上海銀根奇緊，出現金融風潮。招商局會辦徐潤虧欠了鉅款，瀕臨破產，這筆鉅款中有不少是招商局的資金。於是李鴻章派盛宣懷到招商局查處整頓。對盛來說，這是求之不得的差使，為他重回招商局掌權提供了契機。徐潤是盛宣懷在招商局進一步上升的絆腳石，盛一直想把他踢開，有了這一查核他的機會，盛就採取了一些過分的舉動，不給他以絲毫寬暇。根據盛的查核結果，李鴻章上奏朝廷，給徐潤以革職處分。

　　由於徐潤、唐廷樞先後離開招商局，朝廷乃親派馬建忠為會辦。盛宣懷則在查處工作結束後不久，調署天津海關道，局務由馬建忠經理。此時正逢中法戰爭進行，影響招商局輪船的行駛，在盛宣懷授意和支援下，馬建忠將輪船售與美國旗昌洋行，以保局產，並期於戰爭中照常營業以繼續取利。

　　為了達到任督辦的目的，盛宣懷在做查處工作時就開始整頓招商局，並制訂了新的用人章程。這一章程最突出的一點就是設定官督辦，撤銷商總辦，把權力集於督辦之手。光緒十一

年（西元 1885 年），盛宣懷受命出任輪船招商局督辦。終於實現了自己控制招商局的夙願。光緒十二年（西元 1886 年），盛宣懷出任山東登萊青道，不常駐局，他把局中機構分為 8 個股，由會辦馬建忠、沈能虎等分別掌管，讓他們互相牽制。局中數馬建忠地位高，而權力仍歸總於盛宣懷。

在督辦任上，盛宣懷為振興招商局做了許多工作。他先是掌握成本核實工作，稽核帳目，把招商局「無從考核」的爛帳一筆筆算清楚。估算的結果是招商局共欠股本銀、仁和濟和保險銀等款項 370 萬兩。把這筆欠帳補上，成了盛宣懷首要的努力目標。在他的精心籌劃和指揮之下，招商局上下同心協力，營運效果頗佳，很快就實現了這一目標。

中法戰爭進行之際，招商局為保持經營，曾將船隻售與美國旗昌洋行。盛宣懷上任後，在核實成本的同時，向英國滙豐銀行借款 30 萬鎊，以贖回招商局船產。這一過程頗費周折，借款時，不得已接受了滙豐銀行一些苛刻條件；贖船時，多次與旗昌洋行交涉，「大費唇舌」。因當初只訂了賣船契約，未訂買回密約，故旗昌想將招商局的船據為己有，不再歸還。所以盛宣懷最後能「悉照原價收回」，是相當不容易的。

為了振興招商局，盛宣懷還極力爭取官方的支援和幫助。他既是官督辦，自然要依靠官府的力量把招商局經營好。經他呈請，李鴻章決定給招商局一些優惠，如減免漕運空回船稅，減免茶稅，增加運費，暫緩撥還官本，待洋債還清再還官本等

等。這些優惠條件，對於招商局恢復經濟力量，無疑是一種支援。此外，盛宣懷也把僱傭有真才實學的洋人技師作為振興招商局的一項措施。在這方面，他特別強調要有自主權，對外國技術人員提出了一系列需遵守的要求。經過他的一番整頓，這些人的工作效率大為提高。

由於盛宣懷任督辦後採取了一系列有效的整頓措施，使招商局不僅很快得到恢復，而且有了較大發展，競爭能力增強。招商局票面額為 100 兩的股票，從他任督辦前一年的 50 兩，很快漲至 100 兩至 200 兩之間，洋債逐年按數償還，官款亦得以逐步歸還。招商局呈現一派生機。不過，儘管如此，盛宣懷並未掉以輕心，因為招商局還面臨著太古、怡和兩大洋商輪船公司的有力競爭。

光緒十六年（西元 1890 年）初，招商局、太古、怡和三家第二次齊價合同期滿，雖經續約談判，但未能取得一致意見。於是太古、怡和又開始以運費跌價的辦法招商攬客貨，與招商局展開競爭，以期擠垮商局。面對這種局面，盛宣懷沉著冷靜，讓招商局也降低一些運費，但他並不想憑跌價硬爭，而是要利用對手的矛盾另圖良策。他知道太古向來輕視怡和，怡和爭氣已久，雙方矛盾甚深，遂決定聯合怡和共同對付太古。不過他也沒有忘記警惕怡和，經常告誡下屬，既要防備太古明面傾軋，也要防備怡和暗中搞鬼。可見在這場競爭中，盛宣懷是很注意競爭手段而且十分謹慎小心的。

　　為了戰勝太古、怡和，盛宣懷在增強招商局競爭能力方面做了不少工作。他指示各分局要想方設法招攬客貨，要求九江、漢口、福州等分局趁夏秋新茶上市之機，務須「設法招徠」，可以給各茶棧一定好處，把茶葉運輸業務攬過來。他還透過李鴻章這位權勢人物爭取政府的津貼。他估算招商局所需經費連同還滙豐銀行利息需要 150 萬兩，在跌價競爭的情形下，招商局大致收入為 80 萬兩，尚缺 70 萬兩。他請求政府幫助解決這 70 萬兩的用度，認為能如此延續三年，太古、怡和就會因競爭帶來的巨大損失而自動退卻。此外，為了鼓勵屬下的鬥志，他把戰勝太古、怡和作為主要考績標準，以此要求各分局總、會辦竭盡全力多攬客貨，改善經營，在競爭中取勝。

　　在跌價競爭一段時間後，太古、怡和見無法戰勝招商局，只好又回到談判桌前，與招商局重開談判，簽訂第三次齊價合同。這是盛宣懷靠增強實力，以競爭求和談策略的勝利。

　　齊價合同簽訂後，在執行合同過程中，盛宣懷仍然毫不妥協地對抗太古、怡和破壞合同的行為。當太古、怡和派人與盛宣懷商議「應公派一洋人查帳」，並擬派他們的私人成員時，盛宣懷堅決予以拒絕，說「此事不應以私人充當，必須三家公司保舉信其公正無私方能公請查帳」。從而擊破了太古、怡和欲藉此營私並掌握招商局帳目大權的陰謀。盛宣懷始終警惕著對手是否有違反齊價合同之事，曾查出太古私自降低運費的行為，向其表示了抗議，說如「太古強詞奪理，即與散去合同亦屬無

妨」，迫使太古、怡和再不敢無顧忌的任意違約。

齊價合同執行不久，即產生了實際效果。光緒十六年（西元
1890 年），當三家跌價競爭時，招商局當年贏餘為 2.08 萬餘兩，
第二年降至 1.7 萬餘兩。而執行新合同的第一年，即光緒十九年
（西元 1893 年），招商局淨餘 27.64 萬餘兩，此後更是逐年增多。
招商局面值百兩的股票，也由光緒十六年的 50 兩左右，上漲到
光緒十九年的 140 兩以上。這也就是盛宣懷極力促使招商局與
太古、怡和競爭並簽訂齊價合同所產生的作用了。

除招商局、太古、怡和三公司外，在長江上還行駛著不少
不屬於這三家壟斷聯盟的船，即「野雞船」。對「野雞船」，盛宣
懷的政策是使其無利可圖，逐步就範歸併。所以他讓招商局採
用各種手段排擠「野雞船」，並設法吞併或邀其入夥，以減少競
爭對手，維護自身的經濟利益。由於「野雞船」大多是外國洋行
企業的輪船，盛宣懷這樣做，也發揮了保護航運業的作用。

在招商局督辦任上，盛宣懷還做了一件利商利民利國的大
事，即倡議設立航行於內河的小火輪航運公司，以發展內河輪
船航運業。他之所以要這樣做，是出於避開洋人、到內地獨立
自主地發展商業以致富強的考慮。光緒十二年（西元 1886 年），
他兼任山東登萊青道，第一次正式出任道臺之職。有了自己的
轄區後，他開始實踐自己設河內小輪航運的夢想。在先徵得李
鴻章的同意後，盛宣懷又做山東商人和山東巡撫的工作，得到
了商人們的一致贊同，巡撫也很快批准了他的請求。這樣，中

國內河小輪航運業，首先在山東省出現並很快發展起來。由於
這一舉措十分有利於商品運輸和交流，便商利民，所以深受人
們歡迎。盛宣懷見它有了初步成效，加速了商品流轉，促進了
國民經濟發展，遂想把它從山東推廣開去，及於全國。

廣東和臺灣首先推廣開辦內河小輪航運。在廣東，盛宣懷
打算先行舉辦佛山、三水、肇慶等地的小輪航運，並為此親自
擬定《粵省內地江海民輪船局章八條》，決定在資本 40 萬兩中，
由招商局出 6 成，粵商出 4 成，使之既成為招商局分支機構，
又照顧到地方紳商的積極性。肇慶等地通航後，盛宣懷又將下
一個目標定在梧州。梧州通航後，當地出產的藥材得以外運，
對促進地方經濟發展十分有益。

臺灣的內河小輪航運是在盛宣懷建議之下，由臺灣軍務大
臣劉銘傳下令舉辦的。臺灣為此專門設立了商務總局，負責輪
船航運。該局與招商局採取了「外合內分」形式。「外合」即表
面合起來，以對付太古、怡和兩公司，因這樣就不會受到「野雞
船」的對待，使兩公司無法擠垮它；「內分」則是在臺灣商務總
局另立帳籍，實行獨立核算。「外合內分」是盛宣懷的主張，既
對招商局有利，更促進了臺灣航運業的獨立發展。

在盛宣懷的大力倡導下，內河小輪船航運擴充得很快。光
緒十七年（西元 1891 年），專門設立了粵港渡輪公司，成為太
古、怡和的有力競爭對手。光緒十八年（西元 1892 年），盛宣懷
指示廈門招商分局設立福建泉漳兩郡民輪駁船公司，把內河小

輪航運推廣到福建省。

在督辦輪船招商局的同時，由於李鴻章的提攜，盛宣懷的官位也逐步上升。光緒十二年至十八年（西元1886～1892年），他任山東登萊青道兼煙臺海關監督；光緒十八年至二十二年（西元1892～1896年），擔任天津海關道這一重要官銜成了他大發跡的起點，也為他進一步經營洋務派其他企業創造了更好的條件。

創辦銀行：平衡有術

對銀行的重要性，盛宣懷早有認知。在任鐵路總公司督辦後，他即向張之洞表示必須辦起一家銀行，同時他暗中向數十家富商大賈招股，得款300萬兩，以作為辦銀行的基礎。

由於盛宣懷不斷向朝廷上書要求創辦銀行，也由於張之洞、王文韶等權要人物的推薦，光緒二十二年（西元1896年年）十月，清政府下令責成盛宣懷招集股本，開辦銀行。盛宣懷接受辦銀行諭旨後，立即著手組織董事會，選擇各方面極具經濟實力的代表8人為總董。這8人的身分使銀行在籌集資本上不會遇到太大的困難。

銀行籌建過程中，盛宣懷遇到了來自內外兩方面的壓力。在外有帝國主義的干擾，尤其是俄國人的興師問罪；在內則有一些官僚掣肘。在這種情況下，盛宣懷清醒地意識到，要辦成

中國第一家銀行，必須依靠朝廷的支援，而要得到此支援，則非爭取官本投諸銀行不可。為了打消一些商人怕引進官本造成後患的疑慮，盛宣懷特別指出，官款投向銀行不是作為股份，而是暫借，與創辦輪船招商局的情形類似。借入的 200 萬兩官款，可「作為生息存項」，6 年為期，期滿後或分年提還，或仍繼續存下去。這種做法使銀行既有官辦作後臺，又能令商人放心投資，不必擔心官股的侵害。在官商之間，盛宣懷可謂調解得當，平衡有術。

經過盛宣懷的精心籌備，戰勝了各種干擾，銀行總行於光緒二十三年（西元 1897 年）四月在上海成立，定名為中國通商銀行。它是中國自己辦的第一家銀行。銀行創設後不到一年，即在天津、漢口、廣州、汕頭、煙臺、鎮江和北京等地開設了分行，經營狀況頗佳，做到了官商兩利。光緒二十五年（西元 1899 年）時，銀行每 6 個月結帳一次，除日常開銷外，發給股東利銀 40 萬兩，上繳戶部利銀 10 萬兩，在社會上也初步發揮了金融資本的效能與作用。這一切都與盛宣懷的不懈努力分不開。勿庸諱言，和經營其他企業一樣，盛宣懷個人也從中得到不少好處。

在大力開發礦務和創辦銀行的同時，盛宣懷還開辦了新式學堂，培養近代有用人才。盛宣懷在辦企業的過程中，一直十分看重人才的培養，他深感中國缺乏新式人才而需僱洋工洋匠的不便，決心創辦自己的學堂。隨著他官職的上升和經濟實力

的步步雄厚，創辦學堂的條件逐漸成熟，遂於光緒二十一年（西元 1895 年），設北洋大學堂於天津，即今之天津大學前身。這是中國第一所大學。第二年他又在上海創辦了南洋公學，即今之上海交通大學前身。另外，他還曾數次主持派遣留學生到美、英、德、日、比等國留學的工作。可以說，在人才的培養上，盛宣懷的努力是卓有成效的。

總理漢冶萍公司：走向親日

在袁世凱奪走招商局和電報局時，盛宣懷剩下的主要企業為漢陽鐵廠，他決心擴大經營該廠，並準備建立一個煤鐵聯營公司，想以此在工商界站穩腳跟。

盛宣懷早有將煤鐵廠礦合為一體的構想，並從光緒二十四年（西元 1898 年）起大力經營萍鄉煤礦，採煤煉焦，為漢陽鐵廠提供燃料。他先招股 110 萬兩，並向德商禮和洋行借款 400 萬馬克，用作建廠開礦費用。三年後因需建鐵路運煤，又增招股份 200 萬兩。有了充足的資本，萍鄉煤礦建設與開採速度都很理想，漢陽鐵廠的燃料供應也不再有匱乏之虞。

燃料問題解決後，盛宣懷又進一步解決了漢陽鐵廠所產鋼鐵的品質與數量問題。原來鐵廠所製造的鐵軌品質不符合標準，影響了產品銷路。盛宣懷便派該廠總辦李維格偕同在廠工作的英、德工程師、礦師赴歐洲考察煉鐵新法，終於找到了癥

結所在，解決了多年未解決的品質難題。盛宣懷又採納了李維格的建議，為鐵廠購置了新式機器，改建了高爐。經過數年努力，工廠生產出了高品質的鋼鐵產品，產量也不斷增加。

在萍鄉煤礦開掘順利、漢陽鐵廠大有起色之後，盛宣懷認為煤鐵廠礦聯合起來的條件已經具備，可以實現自己煤鐵生產合為一體的宿願了，於是他開始籌辦漢冶萍煤鐵廠礦公司。經過近一年的醞釀和準備，光緒三十四年（西元 1908 年）春，盛宣懷上奏朝廷，請求將漢陽鐵廠、大冶鐵礦、萍鄉煤礦合併，改為商辦，建立漢冶萍煤鐵廠礦公司。很快，清政府批准了這一請求，漢冶萍公司正式成立，改督辦為總理，盛宣懷出任第一任總理。

漢冶萍公司的成立，順應了生產規模擴大和生產持續發展的需求，對鋼鐵工業的發展十分有益，對日益增長的社會需求也給予了較多的滿足。從公司建立前到辛亥革命前夕的年產情況看，無論是生鐵、鋼、鐵礦石還是煤炭，產量都有大幅度的提高，鐵路、橋梁、軌件等訂單應接不暇，生產和銷售都呈興旺之勢。

然而，漢冶萍公司的興旺，並不意味著盛宣懷組建公司的目的之一「挽回中國利權」的實現，因為內裡已潛伏著為日本資本操縱的危機。日本資本家早就看中了大冶鐵礦和漢陽鐵廠，在漢冶萍公司成立前就想方設法向其滲透，先排擠走德國在漢陽鐵廠的勢力，又以貸款引誘盛宣懷，企圖把大冶鐵礦掌握在

自己手中。對於向外國借款，盛宣懷是相當謹慎的，生怕會被外人乘機控制。但在袁世凱奪去招商、電報二局，大冶礦和漢陽廠失去資金來源的情況下，盛宣懷不得不向日本借款，從而一步步進入日方設下的陷阱。漢冶萍公司成立前，盛宣懷已向日方借了 5 筆款項，將近 700 萬元。這些借款大都附有較苛刻的條件，更有利於日本勢力的滲入。漢冶萍公司成立後，盛宣懷借洋債的數目比以往更大了，而且債權為日本獨有。到辛亥革命前夕，僅僅三年，即向日本借款 1,200 萬日元左右。是前 5 年的兩倍以上。日本之所以能在漢冶萍取得這種特殊地位，在於它採取了緊緊抓住盛宣懷的方針，它以共同抵制西洋為名，排擠歐美國家在漢冶萍的勢力，並引誘盛宣懷墮其術中。

漢冶萍公司成立不久，盛宣懷曾去日本從事煤礦等企業的考察。日方乘機對他進行拉攏，鋼鐵、煤炭等企業的領導人反覆向他宣揚中日合作，共同抵禦歐美勢力，並對他及漢冶萍公司極盡誇讚之能事。盛宣懷受寵若驚，加之早有防範歐美侵略勢力之心，遂表示中日同文同種，應互相幫助，並決定賣一部分生鐵和焦煤給日本。日本見盛宣懷上了鉤，就開始利用大量貸款的優勢排擠歐美。盛宣懷幾次與歐美商談貸款和出售生鐵、礦石事宜，均因日本代表從中阻撓而作罷。另外，日本還千方百計保護盛宣懷，不使他垮臺，以能更有效地利用他。盛對日本的圖謀不惟不警覺，反而感激涕零，對日本的要求盡量予以滿足。

　　盛宣懷對外國經濟侵略的態度從鬥爭到妥協的轉變，與他官階不斷晉升、商人的身分愈益減少有關。他的企業愈到後來資金愈靠外債，而不是靠商股，他個人還從經手借外債中獲取了可觀的「手續費」。漢冶萍公司成立後，他的全部私產都投入了該公司，後來為了避免公司與自己資產發生糾紛與麻煩，他很想以借外債將自己的資產收回。日本的貸款填補了他抽回資金造成的空白，使他對日資越發依賴了。利用盛宣懷的這些弱點，日本人步步逼進，逐漸全面控制了漢冶萍公司。辛亥革命時，有人描述日本與漢冶萍公司的關係時說，漢冶萍「名系中國，實為日人也」。

　　辛亥革命之後，盛宣懷逃亡日本。不久，孫中山領導的國民政府發還給他曾被沒收的財產。盛宣懷從日本回到國內。自此，他一心一意辦實業，直到 1916 年去世。

江明恆多金善賈

▌ 商賈世家

　　徽州地處山區，人多地少，為了生存，人們不得不四出經商謀生。明清時期，徽商正是從這裡走出闖天下的。芳坑江氏也有不少人經商。據《蕭江氏家乘》記載：早在萬曆中期，江氏第二十四世祖江天穩就「因貿易而寄居平島」，究竟經營什麼

行業不得而知。以後隨著業賈風氣越來越盛，江氏經商代不乏人。從清初到清末，見於家乘記載的江氏每代都有人經商，完全是個商賈世家。如江天穩之孫江可澗從清初就「用策肩販」，外出經商。他採取「人棄我取，人取我與」的辦法，逐漸致富。其子江夢梧繼承父業繼續經商，並「謀創行業」，即在繼承父業的同時，又開創新的經商行業，並累積了不少資本。在江氏子孫中，從事茶葉貿易是從江夢梧的兒子江起煥開始的。明中葉以降，徽州茶商就活躍在各地，到了清代，徽州茶商分為兩類：從事茶葉對外貿易的稱為洋莊茶，茶葉在國內各地銷售的叫做內銷。內銷茶主要銷往北方廣大地區。乾隆初期，江起煥就曾「策茶葉泛海遼東」，很可能是從福建採購茶葉，然後循海路運到遼東銷售。他這一去就是十年未歸。後來才從錦州到北京，自北京循陸路到家。他這十年究竟累積了多少資本，家乘中沒有記載，按照一般情況而言，十年經營是能夠發家致富的。他的弟弟江起輝也許在當初就是隨兄北上業茶，累積了一些資本後，回家開了一爿酒店。

江有科，生於西元 1792 年，他是江起輝的兒子、江起煥的侄子。應該說，江起煥業茶對江有科產生了很大的影響，江有科後來走上業茶的道路，不能說未受到伯伯的鼓動，當然也會從伯伯那裡汲取不少業茶經驗。

江有科年輕的時候，正是徽州外銷茶業十分興旺的時候。徽州是茶葉故鄉，茶葉產量很大，除了一部分內銷外，大部分

外銷，當時對外貿易口岸只有廣州一處，所以徽州茶商就把本地所產的茶葉運到廣東，與洋商貿易。當地人將經營外銷茶說成是「發洋財」，甚至人們中流傳著這樣的說法：發洋財就好比去河灘拾鵝卵石那麼容易，故經營外銷茶者蜂擁而起，江有科正是在這樣的大氣候下走上業茶道路的。

大約從道光七年（西元 1827 年）起，35 歲的江有科開始在廣東謀生，在最初的十來年裡，他獨來獨往，由於業茶資金必須雄厚，而家裡也未提供充足的資金，所以他開始經營的規模不大，只是從徽州購買成品茶再販運到廣東銷售。這十來年主要是累積更多的資金和經驗，為今後發展奠定基礎。

隨著兒子江文纘（西元 1821 ～ 1862 年）的逐漸長大成人，江有科有了得力的助手，江氏茶商的興旺就是起於他們父子在廣東期間。經過十來年的累積，江有科已經有了較多的資金，於是開設了「江祥泰茶號」，收購、加工、運銷一條龍，代表著江氏茶業進入到一個新階段。

所謂茶號，就是收購、加工茶葉的場所。茶農採摘的茶葉，經過初步加工後謂之「毛茶」，這還不是成品茶，必須經過進一步加工、裝箱才能成為運銷外洋的商品。茶號必須有寬敞的作坊，一系列的加工裝置，還要僱請不少勞工，非有雄厚的資金不可。一般資本微薄的茶商只能從茶號購買成品箱茶，再轉運到廣東銷售，這樣茶葉成本高，所以利潤也就有限了。

　　長期的業茶經驗，使江有科懂得，要想賺取更多的利潤，就要降低茶葉成本，因此必須獨立開設茶號，把收購、加工、運銷各個環節都控制在自己手中，所以他一旦累積起足夠的資金，就開設了「江祥泰茶號」。江有科父子在芳坑附近的漳潭租賃廳屋數間，作為茶號對外營業的場所，同時利用江氏宗祠和家中房屋，安置一些裝置，作為加工茶葉的作坊。

　　每年新茶開採時節，鄉間有不少人揹負口袋，挨家挨戶到茶農家收購毛茶，再轉售給茶行（茶莊），這些小販揹著裝滿毛茶的大口袋，行走在鄉間的小道上，酷似水中的螺螄爬行，故當地人將這些小販稱為「螺螄」。也有的茶農徑自將毛茶售給茶莊。江祥泰茶號每年或則派人到附近各個茶莊收購毛茶，或則派人在茶莊坐地收購，茶莊提取佣金。

　　毛茶購進後，要及時進行加工，一般分為抖篩、撼簸、揀茶、焙茶、風扇等幾道工序，根據不同的毛茶品質和不同的加工方法，製成各種花色品種的成品茶，諸如「松蘿」、「雨前」、「圓珠」、「皮茶」、「眠生」、「次生」、「芽茶」、「次雨」等。當時外銷茶必須裝入錫罐密封，外用彩色板箱包裝（每箱約 40 斤）。江祥泰茶號在興旺時每年都要加工箱茶 2 ～ 3 萬斤，堪稱鉅商。

　　為了及早趕赴廣東茶市，茶葉加工成箱後，必須及時運赴廣州。在當時運茶到粵是非常困難的。千里迢迢，翻山越嶺，或則水運，或則陸行。水路要僱船伕，陸路要僱挑夫，其艱難程度是可想而知的。由於江有科年事已高，大多時候押運的任

務就落到了江文纘身上。道光二十六年（西元 1846 年），江文纘押運 3 萬餘斤茶葉赴粵。先將茶葉運往屯溪，屯溪是徽州茶葉集散地，政府派員在這裡查驗給引，收稅放行。江文纘在屯溪查驗完稅後，僱船將茶運至漁亭，再起旱，3 萬斤茶葉要僱三四百個挑夫，真是浩浩蕩蕩。走過 31 公里的山間小道，到達祁門，再僱駁船或竹筏運貨至江西饒州，再從饒州僱三板七倉船 2 隻、六倉船 1 隻運至贛州，在贛關完稅後，換乘安駁船 6 隻，運抵南安，再僱數百名挑夫、保鏢，翻越大庾嶺至南雄，換水路僱船至廣東韶關，在韶關大順報房交納餉銀、掛號紅票等費後再僱老龍船運貨至廣州。全程大約需近兩個月的時間。茶商之辛苦，於此可見一斑。

辛苦之外，還有危險。長途跋涉，水陸兼行，還要翻山越嶺，往往會有飛來之禍。我們從一些方誌、譜牒中，常常可以看到徽州茶商罹禍遭災。如婺源茶商李登瀛，「業茶往粵東，經贛被盜」，又遇土匪「阻船需索」。詹添麟「業茶過南雄，擔夫數十人，竊貨以逃」。至於水中翻船之事，也屢有發生。因此商人確實要有股勇氣，不畏艱難險阻，不辭奔波勞苦，才能從事茶業。

既苦又累還險的行業，總是伴隨著高額利潤的。茶業也是如此。道光二十六年（西元 1846 年）江有科一次運茶 30,814 斤，按照當時平均價格計算，售出後扣除成本可得近 1,500 元（銀元）純利，如果當年售茶高於平均價格，得利會更多。況且茶葉

加工時還有大批茶葉碎片、茶梗等次貨可以用於內銷，這也是一筆純利。一次茶市，從收購、加工到運銷不過三個來月的時間，就得到如此多的利潤，應該說是很多的。

正當江有科父子廣東起家，獲大利，準備大展鴻圖之時，國內政治形勢發生大變，醞釀已久的太平天國革命於咸豐元年（西元 1851 年）爆發。太平軍初起時，勢不可擋，迅速從廣西北上，占領江西，這樣徽商運粵路線中斷，而且戰火不斷擴大蔓延。眼看茶葉生意無法再做下去了。萬般無奈之中，咸豐四年（西元 1854 年）五月，江有科帶著兩房姨太太從廣州回到故鄉居住，半年後病逝，年僅 52 歲。

在觀望一段時間後，江文纘重操舊業，繼續業茶。早在鴉片戰爭後，隨著五口通商，上海逐漸成了茶葉的外貿口岸。那時候，之所以還有不少徽商繼續在廣東發展，主要是人事較熟，做生意比較方便，江有科就是這樣，更何況在廣州還有別墅等不動產以及兩房姨太太，所以江有科在上海通商後仍然去粵業茶。江有科去世後，江西的交通仍未恢復，故江文纘將茶葉運往上海。開始尚還順利，「利雖微而生意快捷」，但好景不長，很快就由於洋商壓價收購，使茶商不僅無利可圖，而且還常常虧本。

年年虧本年年做，總想把本賺回來。無奈時運不濟，命途多舛。同治元年（西元 1862 年），江文纘在販茶途中一病不起，年僅 42 歲。

後來居上

江文纘去世後，第二年文纘夫人又病亡，其子江明恆年僅 15 歲，家中還有兩位姨祖母、一位不善經商的叔父和一個未成年的妹妹。家中生活頓失來源，只得靠變賣田產度日。

雖然江明恆（西元 1848～1925 年）聰明好學，頗為能幹，但畢竟年齡太小，更無資本，不能獨立經商，只得出去打工。他先在一家茶號中當專司過秤的秤手。據其後人回憶，江明恆不但工作負責，而且刻苦好學，工作之暇，認真學習書算。有一年茶號收場結算，帳目被管帳先生弄得一塌糊塗，老闆讓明恆幫助理帳，很快就把一本糊塗帳理得清清楚楚，因此深得老闆賞識。第二年江明恆即取而代之成為該茶號的管帳先生。

志存遠大的江明恆自然不願長久寄人籬下，他在當了幾年管帳先生、累積起一些資金後，便離開家鄉獨闖天下了。他在蘇州拙政園開了一家小茶鋪，零售徽州茶葉，準備累積更多的資本，然後再像自己的父祖那樣，從事大宗茶葉貿易，他在耐心地等待著時機。

誰知機會很快就來了。拙政園是蘇州名園，常常有不少達官貴人來遊玩觀光。這一天，兩江總督李鴻章微服來到拙政園，看到江明恆的小茶鋪布置得整潔素雅，於是進店小憩。深知「和氣生財」道理的江明恆本來對每位顧客都熱情接待，更何況憑他的精明也能猜出這位舉止不凡、談吐文雅的「客人」決非

尋常之人，於是大獻殷勤。他熱情而不虛偽，機靈而不狡猾，立即博得李鴻章的好感，兩人交談了很久。當李問及茶葉行情時，江明恆應答如流，在了解到江明恆想做洋莊茶而苦於無資本的情況後，李鴻章當即欣然答應，把江明恆介紹給上海謙順安茶棧大老闆唐堯卿。

這真是天賜良機。江明恆立即奔赴上海，與唐堯卿拉上關係。唐是廣東人，在上海開茶棧。那時外銷茶必須透過茶棧轉售給洋商，茶棧從中提取佣金。由於當時洋莊茶主要來自徽州，唐堯卿為了爭取更多的生意，也很想物色一名精明能幹的徽州商人。所以一見江明恆，欣喜過望，江明恆忠誠可靠，幹練靈活，很快取得唐堯卿的信任。於是唐堯卿委託江明恆向徽州茶商貸款，因為業茶必需要有雄厚資金，而經過咸同兵火劫難之後，徽商元氣大傷，資本喪失殆盡，很多茶商急需貸款。江明恆由於對徽州茶商情況很熟悉，非常順利地完成了任務。就這樣，江明恆從一個小茶販頓時就變成謙順安茶棧的大紅人，更成了一些急需款項的徽州茶商拉攏的對象，有的甚至答應讓他吃空頭股份。江明恆後來居上，無本起家，迅速累積起大量的資金。

由於攀上唐堯卿這樣的大老闆，資金上有了充分保障，於是江明恆又回到徽州開起茶號來。他與謙順安茶棧訂立協定，雙方合股經營。如光緒二十五年（西元 1899 年），由謙順安出股本 4,000 兩，江明恆出股本 2,000 兩，合資開設謙順昌茶號，

股本如不足營運，則再由謙順安提供貸款。光緒三十一年（西元 1905 年），江明恆又和江仁、王鑑卿、江印之等合資開設謙恆泰茶號，共集資金 800 元，折銀 5,896 兩，實際使用時資金又擴大到 24,532 兩，不足部分由謙順安和其他兩個錢莊貸款。江明恆靈活地運用合資、貸資等形式開設茶號，使得他的經營規模遠遠超過乃父乃祖。據江氏後人留存的資料顯示，江明恆開設的茶號從同治到民國，曾有「永盛怡記」、「張鼎盛」、「德裕隆」、「福生和」、「謙順昌」、「謙泰恆」、「永義公」、「合興祥」、「泰興祥」、「德聲和」、「莘聲和」、「啟源」、「裕豐祥」等。這些茶號大多設在屯溪，主要便於茶葉收購、加工、運輸。由於利用合資、貸資等形式，擴大了資本，所以每年收購的茶葉，少則數萬斤，最多達 20 萬斤，茶號一般僱傭數百工人，最多時達千餘人進行加工，至此，江明恆已經是一個名副其實的茶業巨頭了。

成功之道

江明恆無本起家，卻能在短期內迅速發家，成為茶葉巨頭，是因為他熟諳經商之道而且精於管理。具體可以從以下幾個方面來分析。

身體力行，行家裡手。江明恆雖然成了茶號的大老闆，仍然身體力行，對茶葉收購、加工、運銷各個環節都非常注意，

甚至事必躬親，並能提出指導性意見。在收購茶葉方面他深知，每年要收購幾萬斤、十幾萬斤甚至20多萬斤毛茶，稍有不慎，就會虧本。所以他親自撰寫《買茶節略》一冊，專論收購茶葉的注意事項，強調收茶時不僅要「講價」，而且要學會從形、色、香、味幾個方面「看茶」。他的《買茶節略》，很可能就是當時向全體收茶人員宣講的底本。在做茶方面，他也專門撰寫《做茶節略》一冊，專論茶葉加工過程中各道工序的技術問題和管理問題，顯然這也可能是向全體茶葉加工人員宣講的。從《買茶節略》到《做茶節略》可以看出，江明恆由於長期業茶，又勤學好問，累積了豐富的經驗，成了茶葉方面的行家裡手。

嚴格管理。茶葉做茶既要保證品質，又要搶時間，延誤一天，不是影響茶葉品質，就是影響茶葉售價，江明恆的茶號一般都有幾百人甚至上千人，指揮這麼多的人，沒有相當的管理才能是不行的。江明恆正是一個頗有管理才能的人。《做茶節略》中就對於加強各個環節的生產管理做出了詳細的規定：

……揀場之事，看揀、秤架之人必須正氣為主，不許與婦女談笑攪混，恐生是非口舌。進出之秤必要兩處校準，如收秤上少稱欠數，即要上板摩來及地下排來補數；如補不足，即要照數賠償，計錢若干，批票標名，將錢並票穿掛在秤架上以警將來偷竊之弊……

若是揀場發來之淨貨，必須未下鍋之先為把作灶頭及老夥、風扇並夥鍋副手過眼看過。如是淨，方可下鍋；如果毛，

即打回復揀。揀淨則拖來下鍋，此亦易使之事。若不精細看過毛淨下鍋，收火起鍋，再講揀毛已遲。即與揀場無涉，此係把作灶頭及熟貨扇（風）之人不看毛淨之過也……

通號內之茶，毋論生熟毛淨之貨，堆放各處過夜，必須要蓋好。倘遇有風暴雨天氣，務要著打雜把作及抖篩之人切要細尋看漏，不可大意。所是過夜之茶，不論風扇、揀茶、振場、篩場、鍋場等處，各人經手堆放者，各人收拾蓋好，以免推卸，各司其事。

由於從茶葉收購到加工各個環節江明恆都嚴格把關，所以既保證了茶葉品質，又將茶葉成本降到最低。

精於心計。江明恆由於拉謙順安茶棧合股開設茶號，這就不僅僅擴大了商業資本，而且將謙順安的利益和茶號的利益緊緊連繫在一起。因此江明恆的茶葉運抵上海後，不僅不會出現茶棧壓低茶價收購茶葉的情況，謙順安茶棧反而千方百計地提高茶葉售價。不僅如此，江明恆還與謙順安棧串通謀利：他的首批茶葉運滬後，密囑謙順安茶棧降一等估價，這實際是做給其他茶號看的，使他們也不得不按此標準降價出售，洋商因而大得其利。待其他茶號的茶葉出售完畢，江明恆的茶葉大批運滬，洋商為了酬謝江明恆，遂將其茶葉升一等收購，江明恆由此獲得大利。

江明恆由於與謙順安棧建立了密切的關係，他還可以最先

了解到洋商行情以及其他一些商業資訊，往往搶先一步，捷足先登。如光緒二十八年（西元 1902 年）唐堯卿在給江明恆的密信中就說：「查外洋綠茶存底無多，又司令票順下二百三十五個，計今看上海綠茶開盤照去年之價必提七八兩……但屯溪、婺源茶上市，定必搶買方得有貨。俏市如此年辰，計上中下之貨，跟市價進貨均要早謀，遲者價必提。不及宜早立定主意人手，大膽趕早搶辦足千擔，半做熙春，半做大盆，趕快運來上海，必得厚利……惟望必要早進貨，先占人下手，如價宜貨好，再多辦八百擔，膽大不妨。愚見若是，幸勿揚外，謹此專奉。」

這當然是非常重要的商業資訊，江明恆立即行動，自然比其他茶商搶先一著，所以他業茶大多能獲厚利。據江氏後人留存的不完整的帳簿來看，江明恆一年業茶能獲三四千兩銀子的利潤，最多的（如同治十年）竟獲利 8,000 餘兩，和他父祖相比，真可謂青出於藍而勝於藍了。

善於利用各種資本，擴大經營規模。江明恆成了大賈後，又利用多餘資金開展多種經營。他曾投資 3,000 兩在漢口開設怡豐裕洋貨號，利用和洋商的關係，採購洋貨發賣。上海永隆京廣洋貨號、蘇州信昌成號他都投資入股，各有股本 1,000 兩。他還與別人合資經營蘇州恒大油行、裕泰米鋪、薛坑口雜貨店。還獨資經營江瑞茂糕點店、開辦杭州最利轉運公司，江明恆真堪稱一個「多金善賈」的大商人。

徽商「善於行媚權貴」，這在江明恆身上也得到充分反映。

李鴻章可謂他的救命恩人，所以他一直對李鴻章懷著感恩之情，他千方百計巴結李鴻章。雖然很多具體細節我們如今不得而知，但從他和李的交往來看，決非同一般。李鴻章曾親筆為他題寫對聯：「玉樹臨風人集一品，芝田養秀春滿四時」。該對聯江氏後人一直收存，後毀於文革。江明恆運茶的茶箱上還貼有兩江總督的封條，顯然也是李鴻章的幫忙。江明恆家還有洪鈞、王文韶等顯貴的不少翰墨，也說明江明恆與他們交往甚厚。江明恆的茶箱上還曾貼有「兩淮鹽運司」專用的貨箱封條，封條上印有「欽加二品銜總理兩淮都轉鹽運使司」字樣，說明江明恆又與兩淮鹽政官員拉上了關係。

就是對通事（翻譯）先生，江明恆也對其大獻殷勤，每個都要從徽州採購大批土特產品奉送以及透過他們轉贈洋商，希望他們在售茶方面提供方便。至今還留存的兩封信稿就透露了這方面的資訊。一封江明恆給別人的信中云：「弟意仍請吾兄另加函懇託二位通事先生，□□之茶，既失機會於前，務請念在交好，隨時留心。」另一封別人致江明恆的信中說：「今年關上洋人均系新調，查驗嚴緊異常，是以□行一式，難於格外討好，奈何奈何！」這一來一往的信函，把江明恆對「通事」、對「洋人」「格外討好」的媚態和盤托出了。江明恆正是善於依附封建政治勢力，巴結洋商，所以為自己的業茶提供了極大的方便。他是十分諳於經商之道的。

息商退隱

致富後的江明恆也像他的父祖一樣，除了購置土地外，又在家鄉大興土木。他將父祖遺下的「靜遠堂」四周鄰地買來，加以擴建，更名為「芳溪草堂」，廳堂樓閣，極其華麗。室內全是高檔紅木傢俱，陳設著珍貴的古玩字畫，另外還專闢一處為藏書樓，珍藏用重金從各地搜求的珍貴書籍，儼然一個書香門第。江明恆平時生活也很奢侈，其夫人去世，喪事就大辦了幾十天，為建造墳墓，還派專人去黟縣採辦石料。有一次為其好友張以文祝壽，江明恆專門請來名戲班為其演戲三天，以示朋友之誼。在他發跡的那些年，也著實在家鄉出名了一番。

但是，「喜榮華正好，恨無常又到。」隨著國際茶葉市場的變化，印度、錫蘭、日本等國茶葉迅速占領國際市場，華茶的地位受到嚴重威脅。加上華茶始終處於手工製作階段，品質難以與機制洋茶競爭，洋商乃藉口品質問題，拚命壓價收購，甚至各國洋商採取統一行動，逼迫中國茶商就範。茶商大多貸本經營，不敢待價而沽，只得忍痛拋售，使得茶商連年虧本。從江明恆《歷年虧耗》帳冊中可以發現，從光緒二十六年（1900年）至民國 11 年（1922 年），幾乎年年都有虧折。他先前投資的其他行業也紛紛失利。在走投無路之下，江明恆被迫息商退隱。

尤其在他回鄉閒居之後不久，他的夫人、長子、長孫和幾個女婿相繼病故，真是雪上加霜，對年老力衰的江明恆實在是

一個沉重的打擊。偏偏禍不單行，民國 10 年冬，江家又遭一場回祿之災，幾乎把芳溪草堂化為灰燼。眼望著辛苦一生掙得的家業，如今人財兩空，付之東流，江明恆迴天無術，精神上也徹底崩潰。4 年後，78 歲的江明恆一病不起，帶著無限的遺憾和痛苦離開了人間。

二、明清名商

三、近代名商

狀元鉅商張謇

▌遊幕科考，經營鄉里

清朝咸豐三年五月二十五日（西元 1853 年 7 月 11 日），張謇（西元 1853～1926 年）出生於江蘇海門常樂鎮一個富裕農民兼小商人的家庭。當時誰也沒有想到，這個窮鄉僻壤的農家子弟，以後竟會中了狀元。但他沒有像歷代高中的學子那樣進入封建官僚機構去作官，終老於官場，而是視官爵如過眼煙雲，另外開闢了一條新的人生道路，把全副精力用在創辦新式實業與社會教育上，成為人人敬仰的狀元商人。

張謇從小即入私塾讀書，10 歲時已經熟讀四書、五經，13 歲時居然能「制藝成篇」了。讀書之餘，也在家中做些農活和雜活，體驗了稼穡之艱難，這一歷練對他後來的人生道路有著不小的影響。

同治七年（西元 1868 年），15 歲的張謇開始進入科舉考場。經過發憤準備，終考中秀才。此後家道中落，負債頗多，在窘困的境況中張謇仍讀書不輟，學業有很大長進，並開始受到地方上層人士的注意。同治十三年（西元 1874 年），21 歲的張謇離家謀生，到南京擔任江寧發審局委員孫雲錦的書記，從而開始了他的遊幕生涯。在南京，由於公務不多，張謇有餘暇遍訪名流耆宿，領受教誨，學問和社會經驗都更上一層樓，為他後

來的進一步晉升打下了良好基礎。光緒二年（西元 1876 年），張謇入慶軍統領吳長慶幕府，為吳辦理公文。在此期間，他繼續讀書求學，與師友酬應唱和，並多次參加科試、會考和鄉試，成績雖很優異，但鄉試仍未能獲捷，遲遲中不了舉人。

光緒八年（西元 1882 年），朝鮮發生「壬午兵變」，日本趁機派軍艦干涉朝鮮內政，朝鮮國王請求清政府出兵援朝，以抗日本。清政府遂派吳長慶率軍入朝，張謇隨同赴朝，幫助吳於軍前籌劃，參與了慶軍歷次重大決策。因辦事幹練，鎮靜應對，張謇多次受到朝鮮國王和吳長慶的讚譽。光緒十年（西元 1884 年）四月，吳長慶奉調回國，不久病逝，張謇為之料理完後事後，離開慶軍，回到家鄉。

光緒十一年（西元 1885 年），張謇再次進入科場，在京師參加了順天鄉試，結果以第二名錄取，終於當上了舉人。由於他是南方人中在「北榜」（指順天會試）名次最靠前者，按習慣被稱作「南元」，名聲很是顯赫，成為不少達官貴人著意延攬的對象。此後，張謇又陸續參加多次科考，但始終不順，屢屢名落孫山。從同治七年（西元 1868 年）到光緒十八年（西元 1892 年），總共 25 年間，他歷經縣、州、院、鄉、會等各級考試 20 多次，直接消磨在考場中的時間就達 120 天之多。一次又一次的失敗自然使張謇灰心喪氣，並且對空洞陳腐的八股制藝感到厭倦。

張謇在考場上雖然連年受挫，但這些年裡他也不是毫無收

穰，與南派清流官僚的結合，便使他獲取了另一處進取的機緣。身為曾入吳長慶幕的後起之秀，張謇很為南派清流們看重，認為他的品格與才識足以成大業，光緒帝的老師翁同龢尤為賞識他。清流們利用手中有限的主試錄取權力，曾數次欲暗中幫助張謇取中進士，但都沒有成功。與清流們的相交，使張謇進一步捲入政治派系鬥爭的漩渦。

在應考的這些年裡，張謇還「經營鄉里」，為家鄉做了不少有益的事情。他先是出力辦理通海花布減捐事宜。通州、海門一帶盛產棉花，手工棉紡織業與棉布商業已有相當發展，但封建政府對棉布所徵的苛捐雜稅卻嚴重阻礙了工商業的正常發展。張謇由於家庭經商的原因，與家鄉商人的關係比較密切，也深知過重釐捐對商人的危害，於是他聯絡各處棉布商人，請求政府減少釐金徵收數額。不過，令張謇失望的是，頻繁的減捐活動未能取得實際成效。此後他又開始提倡改良和發展蠶桑事業。南通一帶農家本無養蠶習慣，張謇就帶頭育蠶，並號召鄉人也植桑育蠶，但民間反應極為冷淡。張謇於是又轉而仿照西法集資興辦公司，以購桑育蠶。這個辦法本來可行，但因缺乏資金，結果僅買來幾千棵桑苗散賣給鄉人種植。張謇前後花了四五年時間苦心提倡種桑養蠶，但都不見成效，原因是南通一帶手工繅絲業很不發達，新繭上市很少有人收購，形成「絲不成市」的冷落局面。如果運到上海、蘇州販賣，沿途又要受到重重釐卡的盤剝，最終大都會蝕本。這樣，農家自然是不願種桑

養蠶了。張謇意識到這又是釐捐造成的惡果，如果不是釐卡層層盤剝，發展蠶桑業是會為家鄉帶來富源的。於是他便在光緒十八年（西元 1892 年）邀集一批人，籲請兩江總督免除絲捐 10 年以興蠶利。經過不少波折，總算達到了目的。隨後他又勸說州縣官就地招商開行收繭。生絲本來是當時出口貨物之大宗，南通一帶蠶繭業經免捐設行，爭相收購，極大刺激了該業的發展，形成一股小小的興辦蠶桑熱潮。不幸的是，正在蠶業大興之際，封建官府又見利眼紅，推翻了免捐成案，要絲商補交歷年已免除的絲捐，絲商由此受到很大的損失，進而把捐失轉嫁到蠶農身上，嚴重損傷了農民養蠶的意願。這樣，張謇發展蠶業以富家鄉的行動又失敗了，使他受到很大的打擊。

經濟活動的失敗，雖使張謇心灰意冷，但他也有意外收穫，即透過這些活動，與當地花布商、典商、木商、菸商、紙商、洋藥商和一些中小地主建立了很密切的關係。這些人成了他日後創辦大生紗廠的主要支持者和社會基礎。

除經濟活動外，張謇仍未脫書生本色，在應考之餘，曾先後主持過江蘇贛榆選青書院和瀛州書院，並兼修縣誌，還致力於學術著述，先後寫成《釋書譜》、《說文或從體例錯》、《蜀先主論》、《贛榆釋》等。此時的張謇已有了更多的經世致用思想並把志趣集註於實際事務中，所以未從事非常系統的學術研究。

光緒二十年（西元 1894 年），適逢慈禧太后 60 壽辰，特地舉行了一次「恩科會試」。此時張謇已對科考得中毫無信心，

但迫於父命只得進京趕考。他本來懷著無可無不可的心緒隨意應付，卻不料禮部會試竟然取中第六十名貢士，隨後在禮部複試中又取中一等第十名，這就取得了參加殿試的資格。殿試之後，由於翁同龢的大力推薦，張謇被取為一甲第一名，高中狀元。狀元及第是科舉士人最高的榮譽，張謇曾苦讀多年求取不到，在不惑之年已無意於此，卻偏偏高中狀元，真可謂「無心插柳柳成蔭」。

中狀元後，張謇被循例授為翰林院修撰。此時正值中日甲午戰爭之際，清政府內部帝后兩黨矛盾激化。以翁同龢為首的清流派擁戴光緒皇帝，大發主戰議論，強烈抨擊畏日如虎的李鴻章，藉以衝擊后黨與主和派，想為徒有「親政」虛名的光緒帝爭取一些實權。名噪一時的新科狀元張謇，早在家鄉時即與清流派接近並建立了良好的關係，這時因政見相同就更結合緊密了。所以他很快成為清流派帝黨中的佼佼者，並時常透過翁同龢向皇帝轉達自己的主張，實則已是清流派的決策人之一。

正當清廷內部帝后兩黨主戰主和之爭極為激烈的時候，張謇突然接到父親病逝的消息，只得循例離職回籍守制。他匆匆離開政爭紛紜的北京，回到家鄉。

張謇回到家鄉，辦理完父親的喪事後，便投入舉辦抵禦日本侵略的防務活動中。由於面臨日本海軍隨時可能侵入長江的威脅，兩江總督張之洞委派張謇在家鄉辦團練。張謇知局勢不可為，但本著嚴謹細密的一貫作風，認真對待此事，做了一系

列工作。不久,《馬關條約》簽訂,中日戰爭結束,團練已無用武之地,很快便遣散了。

《馬關條約》的簽訂,使中國面臨著被瓜分乃至亡國的巨大災難。面對此種結局,愛國志士不甘忍受,紛紛行動起來,掀起了一場愛國救亡和維新變法的浪潮,並強烈要求獨立發展民族工業,以為國家自強之基礎。在此潮流的影響下,張謇也被激發起來,開始思索新的救國之路,並逐漸形成「實業救國」的思想。

這一思想集中體現在他為張之洞起草的《條陳立國自強疏》中。他認為,《馬關條約》准許外國資本在中國內部設廠,將使中國經濟面臨更深的危機,外國對中國經濟侵略的重心將由商品輸出轉為資本輸出,為此,中國應盡快講求商務、工藝,各省應建立商務局、工政局,提倡招商設局、建立公司,抵制外國設廠和洋貨傾銷。民族危機的刺激,中外資本主義發展的影響,使這個已踏上士大夫之途的狀元,把注意力轉向發展資本主義工商業上,提出了「中國須興實業,其責須士大夫先之」的主張。在民族工業和民族商業的關係方面,張謇認為應該把工業放在首位。他說:「世人皆言外洋以商務立國,此皮毛論也。不知外洋富民強國之本實在於工。講格致,通化學,用機器,精製造,化粗為精,化少為多,化賤為貴,而後商賈有懋遷之資,有倍徙之利。」要發展民族工商業,就必須學習西方近代科學技術,張謇對此有很深的認知。他主張各省應廣設學堂,

延聘外洋教師講授西方各類有助於近代化的專門課程，並強調不僅要「培之於先」，更要注意「用之於後」，充分發揮培養出來的新式人才的作用。對教育與實業的關係，張謇也有自己的見解，認為：「夫立國由於人才，人才出於立學，此古今中外不易之理。」實業需要人才，人才出於學校。但興辦學校需要經費，這又不得不仰仗於實業，所以張謇覺得自己的救國宏圖還是得從實業入手。正因為有了「實業救國」的思想和具體打算，已脫離封建士大夫窠臼的張謇便想把它付諸實踐，於是他開始踏上創辦實業的艱難歷程，創造了狀元辦廠的奇蹟。

光緒二十一年（西元 1895 年）底，總理衙門奏請諭令各省設立商務局，其具體方案與張謇為張之洞起草的《條陳立國自強疏》中有關建議相近，即想以此「維護華商，漸收權利」。其原則是：「官為設局，一切仍聽商辦，以聯其情」。首先奉命設立商務局的，正是署理兩江總督兼南洋大臣的張之洞。光緒二十二年（西元 1898 年）初，張之洞奏派張謇在南通設立商務局，讓張謇帶頭開家鄉興辦近代工商業之風氣。

張謇已有投資辦企業的打算，歷史又偏偏在這時候為他創造了契機，所以他乘設商務局之良機，辦起了大生紗廠。張謇選擇紗廠作為其實業建設的突破口，並非偶然，乃是因為南通地區的地理位置、土壤、溫度、降雨量、霜期都很適宜種植棉花，不僅產量高，而且質地潔白並富於彈性，素以「沙花」著稱。本地手工棉紡織業也很發達，「通州大布」歷來都暢銷

於東北市場。隨著棉紗織業的持續發展，對機紗的需求量日益增長。這些條件都很有利於張謇創辦紗廠。另外，張謇與當地花、布商人早就建立了比較密切的連繫，興辦紗廠頗得地利人和之便。除了這些客觀因素外，還有一個促使張謇辦紗廠的重要原因，這就是出於抵禦外國經濟侵略的考慮。甲午戰爭之後，帝國主義對中國的經濟侵略比以往更加瘋狂，在潮水般湧入中國的外國商品中，洋紗所占比重最大。棉紡織業是關係國計民生的重要工業部門之一，自然首先要在這個市場奮起和洋商競爭。具有一腔愛國熱血的張謇當然也不甘人後，要在這個最具挑戰性的部門一顯身手，以實際行動抵制洋貨的傾銷。

大生紗廠最初定為「官招商辦」。從光緒二十一年（西元1895 年）冬起，張謇開始「招商」。經過兩個多月的「招商」活動，他邀集了本地花布商沈燮均、陳維鏞、劉桂馨，上海紳商郭勳、樊芬、潘華茂等 6 人認辦，這便是大生紗廠初期的所謂「通滬六董」。他們反覆磋商後，確定了大生紗廠為商辦，預計招股 60 萬兩，先辦紗機 2 萬錠。股票仿照西法，以 100 兩為一股，共計 6,000 股。

紗廠籌建過程中，三位「通董」相當積極，反映出本地花布商人對創辦紗廠持歡迎態度。但「滬董」卻遲疑觀望，唯恐事業失敗會為自己帶來很大損失，所以招股工作沒有開展起來，上海方面應召集的 40 萬兩遲遲沒有下文。光緒二十二年（西元1896 年）夏，張謇在上海召集董事會議，樊芬、陳維鏞知難而

退，辭去董事職務。張謇只好推薦增補本地兩商人為董事，仍合成「六董」之數，並把眼光從上海轉向家鄉，希望以本地紳商作為集資的主要依託。但「通董」畢竟財力有限，一些有錢人又不相信張謇這樣一個書生能辦起大工廠，不具出錢入股，故股份始終未招上多少。純粹商辦的方案由此化為泡影，張謇不得不回過頭來再向封建官府尋求援助。

恰巧，上海商務局此時要賤價出賣一批「官機」。這批「官機」原是湖北南紗局向外國洋行定購的四萬餘枚紗錠的紡織機，貨到上海以後，南紗局又不要了，所以這些機器在楊樹浦江邊堆放了三年。張謇得知上海商務局急於將這批機器出手，很想購買，卻苦於無錢。於是他便與上海商務局協商，把「官機」折價 50 萬兩作為大生紗廠的股金。另招商股 50 萬兩，大生紗廠改為官商合辦。雙方很快達成了協議。這樣一來，紗廠的機器有了著落，可商人們對官府辦廠缺乏信任感不願投資，50 萬兩商股很難募齊。無奈張謇只好向這批「官機」的最初訂購者、湖廣總督張之洞求援，經過張之洞向兩江總督劉坤一通融，將「官機」對半平分，由張謇和盛宣懷在南通、上海分辦兩個廠，大生紗廠因此可少籌股金 25 萬兩，同時把「官商合辦」改為「紳領商辦」，以有利於向商人籌集資金。

儘管「紳領商辦」較易為一般商人所接受，但實際能夠籌集到手的資金仍然有限。在此困境面前，又有兩名董事辭職，集資重擔全落在張謇身上。光緒二十三年（西元 1897 年）年底，

大生紗廠開始建造廠基，各種開支費用很大，張謇手頭 6 萬多兩現銀很快花得一乾二淨。他只好奔走於南京、上海、湖北等地央親求友，籌集一些資金以解燃眉之急，加之得力助手沈變均等苦苦撐持，才使建廠工程沒有中途夭折。經歷一系列坎坷之後，張謇終於在光緒二十五年（西元 1899 年）三月將機器全部裝置完畢。二十九日，張謇先行祭禮，然後試機，一切運轉正常。四月十四日，大生紗廠正式開車投產，張謇的苦心奮鬥結出初步的果實。

投產以後，大生紗廠仍面臨著很多困難。由於需不斷購進棉花，資金越來越難周轉。張謇再次求助於官僚、紳商，但毫無結果。請求另派殷富紳商接辦，又未能得到劉坤一的許可。他還曾與上海商界鉅子嚴信厚等接洽，打算將紗廠出租三年，但因對方所提條件過苛而未能達成協議。最後他只好決定背水一戰，堅持生產，實在維持不下去就停車關廠。幸好這年夏秋之際棉紗行市一直看漲，華洋機紗已經在南通地區暢銷，越來越多的織戶放棄傳統的土紗而改用機紗布。由於紗價一直看漲，大生紗廠賣紗所得增多，資金周轉不再困難，原料供給問題也隨之消失。從光緒二十一年到二十五年，大生紗廠歷盡風險，總算初步站穩了腳跟。這 5 年裡，張謇耗費心力，以百折不撓的精神和毅力頑強堅持下來，成為家鄉近代工業的開拓者。

大生紗廠立足已穩後，張謇努力在經營管理上下功夫，力圖使該廠成為第一流的紡織企業。他很注意汲取其他新式紗廠

151

的管理經驗，結合本廠的實際情況，親自擬訂了《廠約》。《廠約》闡明了「實業救國」的辦廠宗旨，規定總理（張謇）的職責是：「通官商之情，規便益之利，去妨得之弊，酌定章程，舉錯董事，稽察講退，考核功過，等差賞罰。」其下分設進貨出貨、廠工（工程技術）、銀錢帳目、雜務4個部門，各有董事、執事管理其事。在總辦理處，《廠約》對各部門董、執事的職責也做了明確規定，要求負責進貨出貨的董、執事住在行棧，負責廠工的董、執事住在工廠辦公樓，負責銀錢帳目的董、執事住在總辦事處。《廠約》對於執事的成績考核和獎懲制度亦有具體敘述，還規定了當時的薪資標準和利潤分配原則，而且要求每位董事都要在每天下午2時集中於總辦事處，具體研究工廠生產、經營、銷售等各方面問題，並將討論結果「編為廠要日記，以備存核」。從這些規定來看，張謇對大生紗廠的管理十分得法，制度非常健全，這是他能把工廠創辦成功的重要因素。

由於張謇精於管理，也由於南通地區具有產棉旺、銷紗多、運費省、薪資廉等有利條件，大生紗廠的利潤常比其他同類廠為高。贏利的不斷增加，使進一步擴大生產成為可能。光緒三十年（西元1904年），張謇利用大生紗廠的盈餘和續招新股，增加資本63萬兩，增加紗錠2.04萬，使紗廠資本和紗錠數都比創辦時多了一倍多。日俄戰爭爆發以後，日本棉紗在中國市場一度減少，大生紗廠的銷路因此更加暢通，利潤也更加豐厚。光緒三十一年（西元1905年），大生紗廠的純利已達75

萬餘兩，占全部投入資本的一半以上。在生產持續發展的基礎上。光緒三十三年（西元 1907 年）三月，張謇在崇明久隆鎮（今啟東縣）辦起了大生二廠，資本 100 萬兩，紗錠 2.6 萬枚。該工廠工程建設十分順利，很快便開工生產，並產銷兩旺，贏利頗多。到 1913 年為止，大生一、二兩廠共獲淨利約 540 萬兩，資本總額達 200 萬兩，紗錠達 6.7 萬枚，成為紡織行業一個大廠，被譽為「歐戰以前華資紗廠中唯一成功的廠」。

▌四面出擊大展宏圖

庚子之變過後，清政府為了取悅列強和欺騙人民，大肆宣傳將要推行「新政」，這又激起東南地區一部分帝黨和維新派分子新的幻想。張謇等人頗受這一所謂「新政」的鼓舞，聚集在劉坤一和張之洞周圍，真誠地為「新政」籌謀策劃。張謇在應劉坤一之邀到達南京後，花了半個月時間寫出《變法平議》，十分全面地闡述了自己的政治主張。從《變法平議》的內容看，它並沒有提出比維新派更為新穎的東西，只不過是在戊戌變法失敗兩年後的老調重彈。它所擬定的整個進行步驟比較迂緩，顯然是為了盡量減少保守派的阻力。但儘管如此，《變法平議》仍是張謇思想革新的一個象徵，他終於公開站在了「新黨」一邊。然而，這樣一個比較溫和的《變法平議》，不僅沒有被朝廷接受，也沒有被大談變法的東南督撫所採納。這大出張謇意料，使他看到所謂的「新政」「無大指望」，所以又一下子消沉下來，政治

熱情轉瞬即逝。

政治上既然已無可為，張謇便重新回到「實業救國」的老路上去，繼續埋頭發展實業。從光緒二十七年到二十九年（西元 1901～1903 年），他的主要精力除用於鞏固和發展大生紗廠外，便是投入到通海墾牧公司的建立上。

早在甲午戰爭期間張謇奉命辦團練時，即已注意到通州、海門沿海有大片荒灘，產生開闢之念。後來他曾向官府建議設公司開墾，沒能實現。光緒二十六年（西元 1900 年）秋天，由於洋紗進口減少，大生紗廠產銷兩旺，促使張謇迫切需要採用企業方式來解決原料基地問題。於是他想到開墾海灘荒地，種植棉花，向紗廠提供原料。他主持勘測地界、起草章程、籌集股金，並定名為通海墾牧公司。次年 7 月，集股已達 14 萬元，張謇立即部署築堤建房。這一巨大工程耗時近 10 年，直到宣統二年（西元 1910 年）才初告一段落。這期間，張謇和公司遇到很多困難和波折。

墾牧公司所要開墾的海灘都是鹽鹼地，先要蓄淡，繼要種草，逐漸減少鹽鹼含量，方可種植棉麥。還需築堤攔阻海潮，不使海水淹沒已墾土地。這些工作都是極其繁難的。此時沒有公路，張謇乘一獨輪小車來往於墾地，頂風雨，冒寒暑，規劃水利，招徠佃農，費盡了心力。築堤防海潮工作尤為不易，一遇大風暴，就有前功盡棄的危險。光緒三十一年（西元 1905 年）夏，墾區的農民已陸續修成 7 條長堤和一部分河渠，並開墾了

7,000 多畝土地。可是 8 月間突來一場大風暴，把剛剛建成的堤壩都沖毀了，牧場羊群幾乎完全失散，落了個全軍覆沒。這場狂風巨潮把公司股東們繼續投資的勇氣沖掉了，他們不願意再承擔 12 萬餘兩的修復費用。張謇的態度則是異常堅定，他四處奔走，積極籌劃補救辦法，籌款賑濟墾區災民。在他的動員和號召下，大批農民重新行動起來，陸續修復了已經毀掉的各條堤壩。又經過兩三年的奮鬥，堤防修復工程基本結束，一些堤內土地已招佃開墾，承佃者共 1,300 多戶、6,500 餘人。到宣統二年（西元 1910 年），墾區已初具規模，不少斥鹵瘠土變成膏腴良田。墾牧公司所在的海復鎮已成為重要集鎮，再不是以往荒無人煙的草莽之地了。通海墾牧公司的成功，帶動了其他商人，又有一些墾牧公司聞風而起，爭相向荒原進軍。

通海墾牧公司的建成，對張謇來說頗富象徵意義，它代表著張謇的企業活動跨入一個新階段，即從工業擴大到農業。

在建設通海墾牧公司的同時，張謇也極力擴大自己的經營範圍，把觸角伸向近代商業的很多方面。從光緒二十七年到三十三年（西元 1901～1907 年），他先後創立了 19 個企業單位，除通海墾牧公司外，還有同仁泰鹽業公司、廣生油廠、大興麵廠、阜生蠶桑公司、翰墨林印書局、資生鐵廠、資生冶廠、頤生罐詰（罐頭）公司、頤生釀造公司、大達內河小輪公司、通州（天生港）大達輪步公司、外江三輪公司、澤生水利公司、大隆皂廠、懋生房地產公司、染織考工所、大中通運公

司、船閘公司等。這些企業大都以大生紗廠為核心,直接或間接地供應大紗廠,或憑藉大生紗廠以獲取利潤。通海墾牧公司是大生紗廠的原料基地;廣生油廠利用紗廠軋花的棉籽榨油自用;大隆皂廠又利用廣生油廠的下腳料製造皂燭;大興麵廠利用紗廠的剩餘動力磨粉,供紗廠工人食用和漿紗。資生鐵廠則專為紗廠配機件而設;澤生水利公司、大中通運公司、大達輪步公司、外江三輪公司、船閘公司主要是為紗廠解決運輸問題;染織考工所實為紗廠向紡、織、染全能發展的研究和實驗室;懋生房地產公司則是實地造屋,為紗廠及其他廠職工提供宿舍並收取房租的機構。這樣,圍繞大生紗廠,已形成龐大的大生資本集團,使南通地區出現了有一定規模的近代化工商業,極大促進了這裡經濟的革新與發展。

張謇在短短五六年裡分散資金投入這麼多企業,自然超過了大生紗廠的合理負荷,故引起紗廠許多股東特別是一些大股東的不滿。在他們的要求下,大生紗廠於光緒三十三年(西元1907年)夏召開了第一屆股東會,會上正式決定把上述 19 個企業單位合併,另行組成通海實業總公司,以與大生紗廠劃清資金往來關係。總公司的總理仍由張謇擔任,大生紗廠的股東和董事也就是總公司的股東和董事。這個實業總公司除了統一掌管 19 個企業單位與大生紗廠往來的財務以外,沒有其他具體的管理機構與業務經營,所以張謇並未受到什麼約束,仍能憑藉自己的威望並按照自己意志決定大政方針。

　　通海實業總公司所屬各企業單位的營業狀況盈虧不一。光緒三十四年（西元 1908 年），大隆電廠、頤生罐詰公司、大興麵廠由於虧損過巨被迫停業。不久，通海墾牧公司與同仁泰鹽業公司又劃出通海實業總公司範圍，所以總公司直接管轄的企業單位只剩下 14 個。不過在這之後，張謇又陸續投資創辦銀行、航運、堆疊等十餘個企業單位。宣統三年（西元 1911 年）以前，張謇在外地參加投資創辦的企業單位也為數不少，如上海大生輪船公司、鎮江大照電燈廠、鎮江開成筆鉛廠、吳淞江浙漁業公司、海州海贛墾牧公司、海州贛豐餅油公司、徐州耀徐玻璃廠、景德鎮江西瓷業公司、蘇省鐵路公司等等，活動範圍相當廣泛。

▎重視人才，傾資辦學

　　在創辦企業的過程中，由於缺乏科學技術和專業技術人員，張謇曾用重金聘請外國技師和技工，給予他們優厚待遇，可他們多方勒索，盛氣凌人，並用技術卡人。這使張謇認知到缺乏自己的技術人才必受制於人，從而更堅定了他固有的辦學育人的決心，說「苟欲興工，必先興學」，「有實業而無教育則業不昌」。與此同時，經過戊戌、辛丑兩次革新嘗試的失敗，張謇對朝廷和東南各省督撫都頗感失望，因此轉而專心致力於經營通海地區，以期透過「地方自治」來實現自己的革新方案，建立一個「新新世界」，並逐步向全國推廣。要建設他理想中的「新

新世界」，自然需要知識、需要技術，需要各式各樣的專門人才，所以辦學成了張謇發展實業之外的主要任務。

光緒二十七年（西元 1901 年），在起草《變法平議》時，張謇亦全力勸說劉坤一興辦新式學校，並為劉擬訂了初、高等兩級小學和中學的課程。劉此時暮氣已重，沒有率先興辦師範學校的決心。張謇大失所望，便回到南通自行創辦師範學校。

張謇在南通選定校址後，開工建校，經過 7 個月的籌備和施工，於光緒二十九年（西元 1903 年）四月一日正式舉行通州師範學校開學典禮。該校屬於中級師範性質，但老師和學生的程度都比較高，最初聘請的教員中有著名學者王國維等人，學生則是原來的各類生員。此時廢除科舉已是大勢所趨，所以許多讀書人紛紛轉入新式學堂。張謇對於學習年限、課程設定、學生的住宿、伙食等，都一一親自過問。在他的精心規劃和有效領導下，通州師範學校發展很快，學生由幾十人迅速增加，在原有的師範學科課程如修身、歷史、地理、算術、理化等基礎上，又增設了農、工、蠶桑、土木、測繪等實用學科，並附設了實驗小學，規模愈加趨於完備。這是我國第一所新式師範學堂。在同一時期張謇還興辦了通州女子師範學校，這在當時也是開新風的大事。

光緒三十年（西元 1904 年），張謇又設立了「通州五屬學務處」，作為南通一帶統籌推廣新式教育的辦事機構，並且陸續興建 —— 批幼稚園、小學、中學和職業學校。職業學校中

以紡織、農業和醫校較有名氣，後來三校擴充為專科，進而合併為南通大學。張謇辦專業學校時，往往先附設於師範學校，逐漸發展成專科，再獨立出來，這就創出了一條由小到大興辦教育的路子。由張謇創辦或資助的學校還有吳淞商船學校、鐵路學校、吳淞中國公學、復旦學院、龍門師範、揚州兩淮高等小學、中學及師範、南京高等師範和南京河海工程學校等。此外，張謇還為擬議中的工科大學、南洋大學進行了多方籌劃設計。

為了輔助學校教育，張謇創辦了我國最早的博物館 —— 南通博物苑。光緒二十九年（西元 1903 年），張謇到日本考察實業和教育，參觀了日本的博覽會和博物館，受到很大啟發，回國後便倡議創辦博物館。光緒三十一年（西元 1905 年），張謇在通州師範學校隔河相對的一片荒地上動工興建博物苑，分南館和北館，還有測候室，即氣象觀測站。建成後，張謇自任總理，還把自家所藏文物交給博物苑收藏，以供大家觀賞。經過 10 年的苦心經營，博物苑藏品達到 3,000 餘件，價值不下 50 萬元。張謇把南通博物苑看成是學校教育必不可少的補充，所以將它附屬於通州師範學校。這一舉措對開闊學生視野，擴大學生知識面極為有利。

▌角逐工商，登上巔峰

　　從 1913 年 10 月到 1915 年 11 月，張謇共當了兩年的農商總長，其間做了大量有關經濟立法的工作。經濟發展規畫雖也做了一部分，但由於經費奇缺，大多流於紙上談兵。

　　此時的張謇對發展近代工商業仍保持著以往「民辦官助」的主張，希望政府能夠容許私人資本自由發展，並盡量促使它們走向繁榮。在實業的各部門中，他也仍主張把發展的重點確定為紡織和鋼鐵，即所謂「棉鐵主義」。為了推行這些主張和「主義」，張謇先後主持擬定並提請公布了工商保息法、農林工商官制、礦法、公司條例、礦業條例、商人通例旅行細則、公司條例旅行細則、商業公司註冊規則等等。同時，他還先後主持擬訂了籌辦棉、糖、林、牧場的計畫，以及擴大改良棉田 5,500 萬畝、經營全國山林、東三省林墾、整理茶業、擴充製糖原料產地 1,320 萬畝、整理茶業、整飭國貨等方案、計畫或辦法，可謂雄心勃勃，必欲有所作為。遺憾的是，在貧窮殘破的半殖民地半封建社會和貪婪殘暴的北洋軍閥統治之下，大規模發展民族資本主義是不可能的，首先就有一個資金極端缺乏的問題難以解決。所以，張謇的一系列規畫、方案只能是空文一紙。

　　為了解決資金問題，張謇企望從外國投資方面尋找出路，他擬訂了合資、借款、代辦等 3 種利用外資振興實業的方式。1914 年 1 月，他以全國水利局總裁的身分，首先和美國紅十字

會簽訂導淮借款 2,000 萬美元。不久,在他的主持下,北京政府又和美孚石油公司訂立了 3,500 萬美元的借款合同,規定組織中美實業公司,開採陝西延長油礦和熱河建昌油礦。這兩項借款合同訂立以後,張謇進一步展開多方面的聯美活動,他特意組織了一個遊美實業報聘團,以參加舊金山博覽會為名,專門從事聯繫美國資本家的活動。大生資本集團原來與外國資本很少直接聯絡,現在他表現出明顯的靠攏美國壟斷資本的傾向。此外,張謇還積極參加了籌設中法勸業銀行的活動。

張謇這種尋求外國資金援助的做法,符合了美、法等帝國主義國家加強侵略中國的擴張要求。不過由於第一次世界大戰恰在此時爆發,美、法帝國主義暫時無力而且也不願貿然向中國大規模投資,同時中國國內輿論的強烈抗議,以及日、英帝國主義的極力阻撓,也使上述各項合同大多未能實際履行。可以說,張謇引進外資未能取得多大成效,當然也就看不出有什麼消極後果。

1915 年 11 月,張謇正式辭掉農商總長和全國水利總裁職務,完全退出政治舞臺,一心經營自己的企業。

張謇回到南通後,集中精力於發展實業、教育和「地方自治」。他的主要企業大生紗廠在第一次世界大戰和戰後的幾年間獲得了空前的發展。這一時期正是西方帝國主義列強忙於歐戰而無暇東顧和戰後重建時期,各國對中國的商品進口和在中國設廠都大大減少,棉紗也自不例外,所以大生紗廠能趁此空隙

飛快發展起來。到 1921 年為止，大生一廠的資本增加到 250 萬兩，歷年純利總額累增至 500 餘萬兩；兩廠合計，資本共為 369 萬餘兩，歷年純利累增總共為 1,660 多萬兩，其中的 2/3 以上是歐戰期間獲得的。1919 年，大生一、二兩廠的純利竟分別占資本的 106.08％和 113.02％，可謂創紀錄的贏利，在當時的民族資本企業中不僅是空前的，也可以說是絕後的。對張謇個人來說，鉅額贏利為他帶來了豐厚收入，除股息以外，每年所獲紅利超過 10 萬兩。

源源而來的大量利潤，激發了張謇擴張實業的熱情。1914 年第一次世界大戰初起之時，張謇就在海門常樂鎮開始建立大生三廠，並且還擬訂了建立大生四廠到九廠的龐大計畫。六廠於 1919 年開始籌建，但不久流產。八廠則於 1920 年開始籌建。到 1924 年大生一、二、三、八 4 個廠，資本總額共達 770 餘萬兩，紗錠共 15 萬枚，布機共 1,500 多臺，在當時的中國紗廠中是名列前茅的。

圍繞紡織工業這個中心，張謇還相應地擴大了其他一些實業。在原來通海實業公司的十幾個企業單位基礎上，他特別著重興辦和擴充金融業及交通運輸業，為了因應大生企業擴充的資金需求，1919 年建立起淮海銀行，行長為張謇的獨生子張孝若。該行總攬了南通金融大權，在上海及江蘇各大城市均設有分行。為了因應大生資本集團的運輸需求，張謇陸續籌建了大達輪船公司、中比輪船公司、大儲棧等幾個單位，大達公司的

輪船航行於滬揚、滬海兩條航線上。另外,張謇還創辦或協助創辦了大昌紙廠、通燧火柴廠和許多服務性的企業單位,如南通俱樂部、有斐館、桃之華等旅館、浴室、飯店聯合企業,遂生堂、延生堂等藥店,以及沁生冰房、南通繡織局、天生港大包結繩廠、大達公碾米廠、通成紙廠、玻璃製品工廠等等。

張謇的鹽墾企業系統也有很大發展。由於通海墾牧公司在1910年以後墾成的熟地增多,收益較大,加之大生各廠對於棉花的需求量日益擴大,所以張謇從1913年開始又連續興辦了一系列鹽墾公司。到1920年為止,先後成立了大有晉、大豫、大賚、中孚、遂濟、通遂、大豐、大祐、通興、大綱、阜餘、合德、華成、新南、新通等公司,地涉南通、如皋、東臺、鹽城、阜寧、漣水等縣。張謇等人在這些公司投入資本達2,100多萬元,占地總面積達455萬畝,已墾土地面積70萬畝之多。

1920年前後,張謇的經濟事業進入了鼎盛時期,當時他身兼南通實業、紡織、鹽墾總管理處總理,大生第一、二紡織公司董事長,通海、新南、華成、新通等鹽墾公司董事長,大達輪船公司總理,南通電廠籌備主任,淮海銀行董事長,交通銀行總理,中國銀行董事,大生第三紡織公司董事長等各種要職,可謂既富且貴,被人稱作實業大王,山中宰相,執東南之牛耳的企業家。據統計,此時張謇所經營的各企業的總資本約為3,400萬元。

張謇的經濟事業之所以在1920年前後達到發展的巔峰,是

有其主客觀原因的。客觀上，第一次世界大戰使歐美列強減少了對中國的棉紗傾銷，日本、印度因正大力發展織布業也相應減少棉紗的外銷量，從而使中國棉紡織業擴大了國內市場，增加了發展餘地。棉紡織業普遍繁榮，大生紗廠則更加興盛。大生廠處在比較偏僻的南通，不像上海中國紗廠那樣直接遭到洋紗的排擠和打擊，同時它仍保持著傳統的市場和原料供給地，且工人工資較低，這樣不僅對洋紗具有較大的對抗力量，對上海中國紗廠也常能在競爭中占優勢。大生紗廠利潤源源而來，為張謇提供了投入其他企業的資本，使得他的整個企業系統迅速膨脹起來。主觀上，張謇上升的政治地位以及赫赫聲望，極有利於他的企業經營。辛亥革命後，張謇政治地位的一步步提高，使他得以利用手中權力為自己的企業謀利，如創設大生三廠時，他就以農商總長之便與英國公使商定向英好華特廠訂購紗錠和引擎，並委託滙豐銀行代辦國外匯款；辭去農商總長職位前夕，他還曾以南通教育、慈善、公益名義，一次就向北洋政府請領了 15 萬畝荒地。張謇棄官不做，一心致力於家鄉建設，這使他頗受時人好評，聲譽極佳。這樣，無論他辦什麼企業，總有人響應，並幫他安排和籌劃。他以往的經歷與政治勢力使江蘇地方政府也不敢輕易為難他，南通就更是他獨有的天下了。所有這一切，都是張謇發展企業的有利條件，所以他在工商角逐場上能夠所向披靡。

天災人禍盛極而衰

第一次世界大戰時，帝國主義勢力無暇顧及中國，「大生」系統趁機得到進一步發展。但是，好景不長，到 20 年代初，張謇的「大生」企業系統就由鼎盛時期而迅速衰落。

張謇本人陶醉於自己的成就和名聲之中，再加上年事已高，對企業再不像原先那樣刻苦用心了。他 70 歲生日時，看了梅蘭芳特地到南通演出的三天大戲後，更以為自己已經功成名就，整天只是賞花考古，作詩寫字，把企業完全交給了兄張叔子和兒子張孝若。張叔子濟私，中飽私囊；張孝若則血氣方剛，動輒得罪他人。股東和元老被得罪光了，張謇卻不分青紅皂白，一味地為兄、子辯護。不僅如此，張謇還公開把自己說成是各位股東的大恩人。股東們看到與他已無法共事，暗中醞釀拆夥。「大生」已經潛伏著危機了。

第一次世界大戰結束後，帝國主義經濟勢力更加瘋狂地捲土重來，在中國市場上大量傾銷棉花和棉織品。「大生」的產品，在它的老地盤南通一帶也銷不出去，只好運往上海等地削價推銷，愈加收不抵支。「屋漏偏逢連夜雨」，鹽墾公司在 1920 ～ 1922 年間連年遭水災和蟲災，使「大生」企業遭受嚴重損失。1925 年 7 月，僅「大生」一、二兩廠已負債 1,000 多萬元。這時，本來願意透支的上海銀行首先宣布與「大生」軋平欠款，其他銀行也紛紛前來查帳討債。張謇四處告貸都碰壁，百般哀

求緩期還款也無人理睬，張狀元、張「企業大王」、「張南通」等一系列金字招牌忽然一文不值。結果，大生紗廠及「大生」企業被具有債權的銀行團接辦了。

張謇親自辦起了馳名中外的「大生」企業系統，僅僅經過 20 多年時間，就在他陶醉於功成名就之時宣布破產。張謇親眼看著這如夢一般的變化，滿懷悽楚。他惋恨而又無可奈何地寫信給兒子說：「父日盡人事，兒亦日盡人事而已」。

「大生」廠破產的第二年，張謇這位馳名中外的大企業家，就在悲涼孤寂中去世。

上海灘巨頭虞洽卿

▌走向買辦之路

西元 1867 年 6 月 19 日，風景如畫的寧波正下著綿綿細雨，杭州灣畔鎮海縣龍山（又稱三北）一戶普通人家裡，忽然傳來了一陣嬰兒的啼哭聲，一個小生命降臨人間。他就是虞洽卿（西元 1867 ～ 1945 年）（名和德），後來在滬發跡，成為上海工商界泰斗，並放眼海內大局，深深捲入社會政治活動的「阿德哥」。

虞洽卿六歲的時候父親去世，風雨飄搖中的門戶全靠母親方氏獨力支撐。頗有遠見的方氏依靠針線女紅的低微收入，勉

力將年幼的長子送入了私塾。三年後，虞洽卿被迫輟學。但這三年的啟蒙教育使年幼的虞洽卿粗通文墨，為他將來的事業打下了基礎。

為了貼補家用，虞洽卿每天早晨帶著弟弟去海灘拾蛤蜊，往往要辛苦一整天，趕在日落前到鎮上把蛤蜊賣掉，換幾個銅板，當地人稱之為「靠海囡」。和母親一樣，他很能吃苦耐勞，而且機敏聰慧。當時同鄉虞潤甫發財後蓋了一座漂亮的宅院，人人羨慕，虞母卻教誨兒子說：「家鄉太窮，你長大了要是發了財，可不要自家享受，應當為家鄉辦點好事。」虞洽卿發跡後，果然不忘母訓，對家鄉公益事業總是熱心捐資贊助。

西元 1881 年，虞洽卿 15 歲時，一往來於上海、寧波等地做小生意的同鄉虞慶堯勸說虞母，想帶虞洽卿去上海當學徒。虞母早就有心讓兒子去上海闖一闖，便一口答應下來。這樣，虞洽卿隨人離開家鄉，來到十里洋場的上海，從此開始了獨自闖蕩的生涯。

到上海後，虞慶堯推薦虞洽卿進望平街瑞康顏料行學生意。去瑞康行報到那大，適逢下雨，虞洽卿怕糟蹋了母親親手縫製的新布鞋，便光著腳走進店堂。地上潮溼滑漓，一不小心摔了個四腳朝天，心裡極為懊喪，生怕老闆責怪。不料老闆奚匯如非但未責怪他，反而滿面喜氣，伸手扶起這個新學徒，連聲說「蠻好，蠻好！」原來奚老闆日前夢見一位「赤腳財神」進門，而今虞洽卿赤腳進門，恰與前夢應驗，他這一跌又似活元

167

寶滾進來，自然使老闆大喜過望。很快，瑞康顏料行請進「赤腳財神」的傳聞在同業中不脛而走，虞洽卿因而得了個「赤腳財神」的綽號。

虞洽卿一進門就讓老闆留下了好印象，因此老闆對他這個新學徒另眼相看，除讓他做些雜事外，還讓他跟隨大夥計外出跑街，多見市面。虞洽卿也不負老闆栽培之意，他手腳勤快，頭腦靈活，工於計算，善於經營。一天，他到一家進口顏料的洋行看貨，恰巧遇到一批新進的顏料，因輪船在運輸途中遇到風浪，裝顏料的鐵皮桶被海水打溼，待運到上海時，鐵桶已生鏽，樣子很難看，洋行準備將這批貨交公證行賤價拍賣。虞洽卿仔細察看，斷定桶外雖鏽，但不會影響顏料品質。回店後，他讓老闆把這批顏料以低價全部買進。老闆聽從了他的建議，一轉手大大賺了一筆。虞洽卿頗有識別力和決斷力，由他經手的交易幾乎未出過差錯。這樣一兩年下來，瑞康賺了 2 萬多兩銀，是其原資本額的 25 倍多。

虞洽卿善做生意，為店裡帶來大量贏利，老闆對他極為滿意。到年終時，別的學徒僅得到鞋襪費 12 元，虞洽卿則被老闆破例重賞，另加 40 元。不待他滿師，老闆就破格提升他為跑街，做自己的助手。不數年，他在同業中漸漸出了名，有些店東開始打他的主意。當時有一家舒三泰顏料號，想以優厚待遇挖他過去。瑞康的奚老闆自然不肯放他走，情急之下，讓出兩股股份給他，以表明自己竭誠挽留之意。虞洽卿對奚老闆自然

有感恩圖報之心，不忍一走了之，又不想白占股份，便拿出白銀200兩，成為瑞康股東。從此，他更全力協助老闆經營顏料業，使瑞康生意愈加興旺。

當時的上海，買辦職業很讓一般商人眼熱，虞洽卿也不例外，買辦的高額收入和耀武揚威的派頭令他羨慕不已。他漸漸不滿足於顏料店小商人的生活了，想去做買辦。他深知，在洋人手下做事，單憑在顏料店學到的生意經還很不夠，必須要學會外文。於是他利用晚間餘暇，到基督教青年會去學英文。由於刻苦用心，幾年下來，居然能說一口洋腔英語了。他也結交了一些洋人，有時陪他們到城隍廟遊玩，還能湊合著充當翻譯。

西元1893年，虞洽卿如願以償地當上了買辦，他人生道路上的轉折時刻終於來臨。當時有家從事進出口生意的德商魯麟洋行，以進口顏料為主，由於各種因素，尚未開啟局面，故很想物色一位精通業務的華人幫他活絡生意。經在禮和洋行顏料部任經理的族人虞薌山的介紹，26歲的虞洽卿進入了魯麟洋行充當跑樓（副買辦）。這一回瑞康的奚老闆可是無論如何也留不住他了。

魯麟洋行除進口顏料外，還兼營西藥、五金、軍裝等，並出口大豆、桐油、絲、茶和其他廉價農副產品。對這些進出口業務，虞洽卿都很熟悉，推銷有方，營業頗有起色，故進洋行不久就被提升為買辦。買辦一般是靠在做生意中提取佣金致富的，虞洽卿也如此。他在任魯麟洋行買辦9年的時間裡，進口

業務可收取 10%的佣金，出口業務可收取 20%佣金，加上自己也做顏料生意，故一躍而為家產鉅萬的富翁。他還透過為洋行開展業務，擴大個人的社交，漸漸地，上海商界無人不知這一後起之秀了。

1900 年庚子事變後，各帝國主義國家急劇擴大對華經濟侵略，金融資本家爭相來上海開設銀行。虞洽卿認定在銀行任職要比在洋行更有利可圖，便在 1902 年脫離魯麟洋行，改任華俄道勝銀行買辦，一年後又改任荷蘭銀行的買辦。當時外國銀行可在中國發行鈔票，各銀行競相提高自己鈔票的發行額以排擠對方，買辦則在幫助擴大發行中賺取手續費。虞洽卿利用華商的崇洋心理，竭力推銷荷蘭銀行的鈔票，賺到大筆的手續費。他還用荷蘭銀行的名義開出遠期本票，換取現金，套得利息。這樣，他手中的資金越來越豐厚，不久便獨資創辦了惠通銀號。不過，在有了自己的銀號後，他並未立即放棄荷行買辦職務，1924 年他出任上海總商會會長後，才讓長子虞順恩代理了買辦頭銜。1941 年他離開上海時，正式脫離了荷蘭銀行。由於虞洽卿以其從商經驗、手段和社會聲望為荷蘭銀行獲得了巨大利益，1928 年，上海荷蘭銀行特地為他舉辦任職 25 週年紀念典禮和慶功酒宴，贈以荷蘭王宮收藏了 200 餘年的自鳴鐘等貴重物品，荷蘭政府還為他頒授了勳章。就買辦一職而言，他可以說是最稱職和最出類拔萃的。

調解華洋糾紛

在清末一系列華洋糾紛中，虞洽卿表現出色，有勇有謀，既勇於出面抗爭洋人的無理暴行，又能適時出面充當調解人，從而平息了不少糾紛，在商民中聲譽鵲起。

西元 1898 年 7 月，法租界公董局謀築馬路，要求毗連法租界的專為旅滬寧波人辦理喪葬事宜的四明公所讓地，被公所拒絕。法國領事白藻泰便派法兵強行拆毀公所冢地的圍牆，企圖以武力奪地。這一舉動激起了旅滬寧波人的憤怒，他們紛紛採取各種方式進行抗議。四明公所董事嚴信厚、葉澄衷、沈仲禮出面向法方談判交涉，虞洽卿則追隨左右，替他們出謀劃策。這三位董事年事已高，皆老成持重，素來不敢為難官府，見到洋人更畏懼退縮。虞洽卿年輕氣盛，見他們辦不了大事，轉而去鼓動他在勞工界的朋友、上海洗衣業領袖沈洪賚，請沈號召洗衣業職工和所有為法國人工作的工人罷工。他對沈說：「只須工商兩界為後盾，不怕法國人橫蠻到底。」於是沈洪賚策動洗衣工、車伕、大司務、小工等為法國人工作的工人罷了工，一時間，法國人髒衣無人洗，飯菜無人燒，房間無人掃，車輛無人拉，東西無處買，衣食住行均被控制，動彈不得。最後，法國租界當局只得退讓，撤走了法兵。雙方談判的結果是，法國人承認四明公所的地產所有權，宣告不再購地，並立石碑劃定四明公所地界。

四明公所事件的解決，使虞洽卿成了寧波同鄉中的知名人物。事後，沈洪賚被眾人推舉為四明公所經理，虞洽卿也一躍而為旅滬寧波人的領袖之一。他在總結這次和洋人抗爭勝利原因時說：「這不是運氣，乃是民氣壓倒洋氣！」

1905 年底，又發生了會審公堂案，調解此案使虞洽卿成為上海灘婦孺皆知的新聞人物。事情的起因是，廣東籍婦女黎黃氏丈夫在四川做官，夫死，她帶著 15 名婢女返回原籍。路過上海時，英租界巡捕房探子懷疑她販賣人口，將她抓了起來，解至會審公堂審訊。審訊中，承審官、華人金鞏伯與陪審官、英副領事德為門意見分歧，前者判令羈押再查，後者硬要判販賣人口罪。德為門蔑視中國法律，當場辱罵中國人是野蠻民族，值庭的英籍捕頭也拒不聽從金鞏伯的命令，反而氣勢洶洶地持棍上前打了金，將金的馬褂外套也撕裂了。旁聽的中國人見此情景，無不激憤，群起毆打英捕頭，於是會審公堂裡華洋雙方大打出手，一片混亂。

消息傳出後，上海市民極為憤怒，反應強烈。第二天發生了罷市風潮，多處出現英國巡捕被群眾毆打之事，有一巡捕房被群眾放火焚毀，德、比兩國領事也在街上遭人襲擊。英租界巡捕為保全性命，紛紛罷崗。為了向上海人民報復，英租界當局派兵大肆抓人，被捕群眾達五六百人，不少人還被英巡捕開槍打死打傷。上海工商界人士在事件發生後的次日舉行大會，對肇事的英副領事和捕頭表示極大憤慨，強調「萬不可不有策以

抵制之」，同時又認為「中國對付之策，仍須和平」。虞洽卿、徐潤等 19 人代表上海工商界致電清政府，稱「華官尚復侮辱，商民之受辱必日甚一日」，要求政府據理力爭。上海道臺袁樹勳、會審公堂正會審官關炯之，屢次向英方交涉，提出釋放黎黃氏、懲辦肇事英捕頭等一系列要求，以平民憤，但英方態度十分蠻橫，不肯接受這些要求。雙方互不相讓，談判陷入僵局。此時適逢出洋考察的載澤等五大臣途經上海，與袁樹勳幾度磋商，擔心風潮繼續擴大會一發不可收拾，故主張派請「公正紳商」出面調停。朱葆三、周金箴、施之英和虞洽卿 4 人被選中，前往工部局與英方商談。開始時英方還是不肯讓步，幾個回合下來，朱葆三等三人有些心灰意冷，不想再多過問，只有虞洽卿仍照常奔走，堅決調停到底。他一方面支援上海市民的罷市抗爭，發動為外國人服務的廚司、西崽罷工，以給英方施加壓力，一方面持續與英國人談判。他幾乎每晚都邀集各行各業領袖 20 多人聚會，商議調停辦法，白天就去工部局與英人「爭持磋議」，力爭實現中國方面的條件。經過反覆交涉，終於迫使英方做出讓步，商定善後辦法 5 條，包括對肇事英捕頭撤職查辦，釋放黎黃氏和因罷市而被捕的華人，由工部局向中國官方道歉等。談判的成功，使上海市民歡欣鼓舞，大放爆竹，以示慶祝。

　　談判結束後，為了勸喻商人開市，身為商界代表的虞洽卿和官方代表袁樹勳、關炯之步行整條南京路，向路旁所有商家逐一作揖勸導開市。漸漸地，市場重開，一切都恢復了正常。

這件大鬧公堂案由於虞洽卿的全力奔走，多方遊說，總算得到了解決。人們紛紛稱讚虞洽卿在處理重大問題時能幹，擺得平，他的聲望在上海市民中更加提高。工部局的洋人也覺得他頭腦靈活，處事得體，從此對他刮目相看。

在大鬧公堂事件過程中，由於巡捕罷崗，「萬國商團」乃代為維持租界治安。「萬國商團」是各國洋行的外籍職員志願參加的軍事組織，裝備精良，他們在站崗值勤時，往往不顧華人利益，時常對市民施暴。虞洽卿看到這一情形，深感中國商民沒有自己的武裝，就會不斷遭欺壓。於是在大鬧公堂案以後，他發起組織了「中華商團」，開始時叫「中華體操會」。虞洽卿親任體操會會長，邀請各界領袖做會董。考慮到華商對軍事技術一竅不通，虞洽卿先在閘北闢出一處操場，聘請中外懂軍事操演的人擔任教練，訓練志願參加體操會的青壯年華商。

一開始熱心加入體操會的商人很多，報名踴躍，但一看到操練時需脫下平日穿的袍馬褂，換上黃布做的緊身操衣，就不大情願了。虞洽卿見狀便以會長身分，與會董胡寄梅、袁恆之等人帶頭穿戴起操衣操帽，往來於店鋪林立的南京路。這樣一來，隊員們折服了，換上操衣操帽，定期參加操練。一年以後，入會人數增加到 500 名。

1906 年 3 月，虞洽卿向工部局申請在萬國商團中設立中華商團，費了許多周折後，工部局才勉強答應試著辦，但定下一些歧視性的規定。對這些規定，隊員們極為不滿，虞洽卿力勸

大家暫時忍耐，要以自己的表現樹立信譽，逐漸爭得與別國商團同等待遇。在他的帶動下，全隊上下齊心，刻苦訓練，不斷取得好成績，射擊測試成績尤其突出，幾次名列第一，令萬國商團中的洋人各隊折服。虞洽卿見時機已經成熟，便再次與工部局商量，要求獲得與洋人各隊同等的待遇。幾次波折，終於達到了目的。不過，因作為租界當局的一支武裝力量，其所作所為，畢竟不符合虞洽卿創設體操會時宣揚的「商人自衛」的初衷。

躋身金融界

虞洽卿是一個熱衷於辦實業的人，他曾對人說：「平生志願，能擁有 500 萬元資金，興辦實業。」從 1906 年起，在任荷蘭銀行買辦的同時，他著手發起創設四明銀行。這一年，他組織了一批上海工商界人士赴日考察，在日本的兩個星期，使他眼界大開，對發展資本主義經濟更具信心。回國後，他積極籌備四明商業儲蓄銀行，1908 年正式開業。該銀行是一家純屬國人自辦的私營銀行，額定資本為銀 150 萬兩，擁有鈔票發行權。虞洽卿起初自己負責這家銀行，後來請孫紹甫任總經理。

當時的上海金融界在發行鈔票方面競爭劇烈，外國銀行不肯輕易讓華人銀行插足，所以四明銀行一成立，便受到外國銀行和洋行的傾軋排擠。銀錢業一有風聲，外國銀行和洋行便

拿四明銀行發行的鈔票來擠兌銀元，普通民眾不明就理，也手持四明鈔票前來擠兌。四明銀行實力並不雄厚，但居然未被擠垮，度過了一系列難關。究其原因，一方面是虞洽卿到處奔走呼號尋求援手之功，另一方面是寧波同鄉團結互助之力。每當擠兌風潮來臨，在虞洽卿的發動和呼籲下，凡屬寧波人開設的各大商店、錢莊、銀號，家家代為收兌四明銀行的鈔票，有時一些寧波籍職工，在路過四明銀行門口時，見有人持鈔票兌換時，便拿出自己的銀元，主動上前與之換取鈔票，甚至還有從外地特意趕來傾囊相助的。這樣一來，既平息了擠兌風潮，也維護了四明銀行的信用，所以該行始終在激烈的競爭中立於不敗之地。

四明銀行之外，虞洽卿還參與籌辦了南洋勸業會與勸業銀行。1909 年，南洋勸業會始籌辦，這是清政府「提倡實業」的一件大事，也是虞洽卿在官商合作中一次成功的嘗試。他發起此事時，表示「目的在使我國新興工商業有所觀摩，而圖改進，且藉此聚全國工商業先進於一堂，互助聯絡」。時任兩江總督兼南洋大臣的端方對舉辦南洋勸業會的建議十分讚賞，上奏朝廷說，此事「若辦理得法，將來效果，正賴以鼓舞全國實業」。朝廷同意後，由度支部撥銀 70 萬兩以充經費，不足之數 36 萬兩由虞洽卿墊付。端方以朝廷大員身分出任會長，他保薦虞洽卿為勸業道，任會辦（副會長），處理具體事務，會址設在南京鼓樓。為便利交通，還特意從下關到鼓樓修起一條輕便鐵路。不

久端方調任北洋，繼任者為封建官僚張人駿，此人頑固不化，對勸業會雖因系奉旨舉辦不好反對，但態度消極，自以為身居一品，恥於名列上海商人之中，故對虞洽卿處處刁難。在這種情形下，虞洽卿沒有洩氣，他委曲求全，不懈努力，著重於具體事業，在南洋大臣屬下各府州設立了物產會，在國內各大商埠以及南洋的爪哇、新加坡等地組織起品協會，徵集展覽物品，還在上海、南京、杭州、廣東、直隸等設立協贊會，扎扎實實地做了很多籌備工作。

經過虞洽卿的反覆奔波和艱苦努力，1910 年 6 月，南洋勸業會正式開幕，會期 3 個月。場內設有農業、醫藥、教育、工藝、武備、機械、通航、美術等館及勸業場。各省和南洋各地僑商均有產品參加陳列展覽，前來交流、觀摩和參觀者多達 20 萬人，可謂盛極一時。勸業會上，虞洽卿還把自己的照片和攝政王載灃、端方、張人駿的照片一起夾在手帕中分贈來賓。此舉在當時頗為鮮見，一下子提高了虞洽卿的知名度，使人對他的經營手段和經商能力不能不嘆服。

令虞洽卿名揚海內的另一件大事是他首創了上海證券物品交易所。1918 年，日本財閥在中國政府的特許下，集資 1,000 萬日元，以中日合資為名開辦「上海取引所股份公司」，經營證券和物品交易，欲藉此操縱上海市場。上海華商對此既憤且憂，集議反對，以挽回利權相激勵。虞洽卿也感到忍無可忍，立即四出奔走，聯絡聞蘭亭、李雲書、張澹如等志同道合的實

力人物，向上海縣、江蘇實業廳和農商部呈文，申請自辦證券物品交易所。不等這幾個機構批准，他們就開始籌集股份，每股 12.5 元，共籌得 10 萬股。經過一系列準備之後。1920 年 2 月 1 日，在上海總商會召開了證券物品交易所創立大會，選出理事 17 人，監察 3 人，虞洽卿被推選為理事長。交易市場分證券、棉花、棉紗、布匹、金銀、糧油、皮毛 7 個部。

經過虞洽卿 5 個月的忙碌和緊張籌備，7 月 1 日，上海證券物品交易所正式開張，前往祝賀的賓客達 3,000 人，上海工商業鉅子彙集一堂。該所共擁有股款 12.5 萬元，開市時經辦的棉紗、棉布和證券等交易都相當順暢，每日平均收取佣金 2,000 元，股票價格接連增加了幾倍。該所生意興隆，無形中挫敗了想控制上海金融市場的日本財閥。原先投資於日商取引所的華商大多把資金轉移到虞洽卿的交易所，絕大部分華商不再去取引所進行交易活動，登報申明與之脫離關係者每天都有。1920 年下半年起，取引所出現虧損，以後每況愈下，到 1927 年被迫宣布「自動清理」。

上海證券物品交易所儘管在與日本財閥競爭中發揮了積極作用，但卻受到國內各界的強烈譴責。社會名流張謇等人紛紛抨擊虞洽卿未經農商部批准，公然擅自開業，指斥虞買空賣空鼓勵投機。面對來自不同領域的攻擊，虞洽卿並未驚慌，他去北京多方活動，取得了北洋政府一些要員的支援，農商部也表態允許他把交易所辦下去。這樣，交易所漸漸站穩了腳跟，在

上海越辦越興盛。

虞洽卿的交易所開張僅 5 個月就賺取純利 30 萬元，引得商人們眼熱，紛紛效法，相繼從外商銀行提取存款開辦交易所。一年後，上海出現各類交易所 140 餘家，在一定程度上削弱了外商銀行的競爭力，並由此集儲了上海的大量遊資，為中國工商業的發展提供了部分急需資金。不過，由於交易所主要從事證券交易，風險較大，投機性強，不時出現各種危機。激烈的競爭和政府當局的重重壓力，使絕大多數交易所都敗下陣來。到 1929 年，上海只剩下 6 家交易所。虞洽卿的交易所靠著與軍政各界的廣泛聯繫和縱橫交織的關係網承託，方得以倖存。

在虞洽卿的交易所裡，有一大批國民黨軍政要員發跡前曾涉足於此。戴季陶曾奉孫中山之命參與交易所發起工作，張靜江、戴季陶、陳果夫都是交易所經紀人，虞洽卿亦與孫中山相熟。蔣介石投奔廣東革命政權以前，在上海灘闖蕩，也常出入交易所中戴季陶、陳果夫的經紀號。這些國民黨人都與虞洽卿結交，便為他以後親近國民黨蔣介石政治勢力埋下伏筆。當蔣介石在上海交易所投資失敗，負債無力償還時，虞洽卿幫他還了債，還資助他去廣東投奔孫中山。所以虞洽卿與蔣介石是有特殊交誼的。

儘管虞洽卿與國民黨要人私交頗深，還是未能使他長久保住自己的交易所不被吞併。1929 年 10 月，已經取得統治權的國民黨南京政府頒布了《交易所法》，自次年 6 月 1 日起開始實施。

該法規定每一區域只准設立一家買賣有價證券的交易所，重疊並存的交易所在三年內歸併。1933 年 5 月，虞洽卿交易所經營的證券部分依法歸併上海華商證券交易所，金銀部也將與上海金業交易所合併。他還想憑藉各種社會關係再做一次努力，保全自己的交易所，曾去函給國民政府實業部長力爭。實業部是不會為虞洽卿正在衰落中的交易所破例的，相反連連催促其盡快實施合併。虞洽卿見在劫難逃，又和上海金業交易所的老闆們討價還價，以求得盡可能好些的結局。由於虞的交易所此時已負債累累，金業交易所的大亨們也不肯讓步。經過反覆磋商談判，1934 年 8 月，虞洽卿終於在合併契約上簽了字，把自己交易所的營業權和部分債權轉交給他人。從此，虞洽卿創辦的中國較早較大的一家綜合性交易所消聲匿跡，不復存在。

▋發展航運

虞洽卿是個外商買辦兼民營企業資本家一身而二任的人物，他後半生的精力和資產主要投入輪船運輸業，成為獨霸華東地區的輪船業鉅子。

1909 年，虞洽卿集資創辦寧紹輪船公司，這是他經營航運業的開始。他之所以熱衷此業是有緣由的。寧紹輪船公司成立之前，在上海到寧波的航線上，有英商太古公司、法華合資東方公司和清輪船招商局的輪船在行駛。三家公司相互競爭，票

價時高時低。到 1908 年時三家達成協議，為避免競爭互傷，原來每張 5 角上下的統艙票一律漲至 1 元，貨運水腳費也同步上漲。按照當時的物價水準，這一票價定得過高，寧波、紹興兩地商客為此一年需多付出運費 100 萬元以上。不僅如此，三家公司的服務態度也十分惡劣，尤其是海商輪船。在這種情形下，虞洽卿受寧波商人委託，以寧波同鄉會名義一再與三家公司磋商，要求把統艙票價限制在 5 角以下並改善服務態度，但三家公司都置之不理。虞洽卿見勸說無用，憤恨不已，遂決然自創輪船公司為同鄉利益服務。

1909 年，虞洽卿與商界巨頭嚴筱舫等鼓動同鄉創辦寧紹輪船公司，議定集資大洋 100 萬元，以 5 元一股發行，讓中國商民認購。到開辦時實收資本 28 萬元，虞洽卿任總經理。虞先向馬尾造船廠買來一艘輪船，命名「寧紹」，又買進一艘較小的「甬興」號，不久又自造了「新寧」號。三輪往來於寧波、上海間，開始打破洋商和官辦輪船對該航線的壟斷局面。

在租用上海碼頭時，又經歷了一番鬥爭。當時黃埔江沿岸設定碼頭的較好地段，大都被外商占去。虞洽卿一開始想租用日商外白渡橋東洋公司碼頭，遭到拒絕，繼而欲租用法國領事館對面洋涇橋南首的碼頭，又遭刁難和欺侮。最後在萬不得已的情況下，虞只好向南京兩江總督、北京農工商部呈請援助，並數度拜訪大達外江輪步公司的主人張謇，終於得到張的幫助，租用了十六鋪的大達公司碼頭，並設定堆疊。由於張謇提

出的租用條件十分苛刻，引起虞洽卿的不滿，故租用半年後，虞洽卿施展「韜略」，吩咐手下眾人到處傳揚，說這個大達碼頭已歸寧紹公司了。張謇聞知此事，怒沖沖前來找虞洽卿交涉評理，雙方各執一詞，互不相讓，最後一同上衙門打官司。此時正是攝政王載灃處理政事之際，他先命江蘇巡撫瑞澂赴大達碼頭查核。碼頭上的工人、搬運夫等不少是寧波人，早已被虞洽卿買通，故眾口一詞地說碼頭為寧紹公司所有。判決之期，張謇赴北京出示碼頭契據，怎奈瑞澂的調查結果也有證有據。載灃本與虞洽卿有一面之交，有意袒護，可也不想使張謇這位社會名流失面子，遂判定大達碼頭的產權屬張，使用權屬寧紹、大達共有，並對兩人慰勉有加，協調關係。一場風波終於平息，虞洽卿的「本事」再度顯露出來。

在完成了一切準備工作之後，寧紹輪開始在上海、寧波之間往返航行。開船那天，輪船上醒目地掛著一塊「立永洋五角」的牌子，表示永不漲價，在票價上與洋商、官商輪船相抗爭。這一舉動深受乘客稱讚，大家紛紛乘坐寧紹公司的船，大大冷落了太古和招商局。由於寧紹船票價低廉，船員服務也殷勤，客運貨運都興旺，無形中使外商航運業受到沉重打擊，太古輪船有時只好放空船。太古公司為了壓倒寧紹公司，憑著它雄厚的資金實力，把票價從 1 元跌至 3 角，並以贈送毛巾、肥皂等日用品來招攬乘客。這樣一來，資金薄弱的寧紹公司難以應付了，幾乎處於束手待斃的困境之中。幸有一班寧波同鄉不忍心

看寧紹公司破產，他們組織起「航業維持會」，籌集現金，每張
票補貼 2 角，使寧紹也能以 3 角的票價和太古競爭。更主要的
支援是華商各業相約，將滬浙間的海上貨運盡量交寧紹公司承
攬。經過一段時間，太古見無法壓倒寧紹，自己也不能長做虧
本生意，遂將票價又升至 5 角。這期間，「航業維持會」貼補寧
紹的款項已達 10 餘萬之多。一場維持民族利益的鬥爭終以華商
勝利而告終。

　　寧紹公司度過難關後，業務蒸蒸日上。虞洽卿以總經理身
分掌管公司正常營業，多所謀劃，屢有建樹，直到「甬興輪事
件」發生為止。1914 年，因一時資金短缺，公司董事長樂振葆
向董事會提議出售甬興輪，以應目前急需。董事會同意樂的意
見，虞洽卿則堅決反對。表決結果，決定以 6 萬元標價出售，
虞十分氣憤，當場說：「如果一定要賣，我個人願出 65,000 元
買下來。」董事會無法拒絕，只好讓他買下。他買下甬興輪後，
轉手將其租與外商，租金一年 30 萬元，幾近買價的 5 倍。這
一來使寧紹公司的股東一片譁然，董事會也大為不滿。股東們
開會，決定撤銷虞洽卿總經理職務，並要向法院提出申訴，要
求扣押甬興輪。後經商界元老朱葆三等人調解，虞洽卿答應將
甬興輪退還寧紹公司，但因已經出租，則作為寧紹委託三北公
司代為出租，以維持和外商的契約關係。虞這時已收到租金現
款，而以公債償還寧紹，還是他占了便宜。

　　經過這一番折騰後，虞洽卿離開了寧紹公司，從此便傾全

力經營自己獨資的輪船公司 —— 三北公司。三北的前身是龍山輪埠。龍山是虞洽卿的家鄉，這裡的自然條件本不適宜停泊船隻，但虞發跡後，沒有忘記早年母親「為家鄉辦點好事」的囑咐，決定在龍山開闢輪埠。他前後在龍山投資 200 萬元，直接從本鄉得到的經濟收益卻微乎其微，所以這裡流傳一句順口溜：「洽卿老闆大糊塗，鈔票丟到海中央」。

在龍山輪埠的基礎上，虞洽卿追加資本，擴大規模，創辦了三北輪船公司，以慈北、鎮北、姚北 3 艘小火輪行駛於寧波、鎮海、餘姚間。1914 年他離開寧紹公司後，進一步傾力經營自己的輪船公司。他把資本從 20 萬元增至 100 萬元，總公司設在上海，定名為三北輪埠公司。該公司的經營範圍比以前擴大很多，不僅加入上海至寧波的航運業，而且購進 3,000 噸重的海輪，行駛於南北洋。因購進寧興輪，又掛起寧興輪船公司的招牌，有了兩塊招牌，便於互相擔保，向銀行借款。這也是虞洽卿在生意場中精明過人之處。

三北公司的崛起，使洋商輪船公司大為驚慌，它們害怕失去自己在航運界的統治地位，遂聯合起來壓制三北的發展。不過為時不久，第一次世界大戰爆發，外輪紛紛奉本國命令回國供戰時徵調，暫時放棄在華營運。一時間中國境內貨多船少，水腳大漲，虞洽卿的航運企業藉此獲得很大的發展。他把早年做買辦時購進的大量房地產變賣，轉而投資於航運業。從 1917 年到 1919 年，三北公司一再增加資本，從 100 萬元增至 250 萬

元，還盤進英資鴻安輪船公司，改名為鴻安商輪公司，使其資本增至 1,000 萬元。這樣，虞洽卿的船隊越來越龐大，成了稱雄海內的一支重要航運力量。

第一次世界大戰結束後，歐美各國再次加緊對中國的經濟侵略，洋商船隊捲土重來，再度與華商競爭，導致運價暴跌，中國民營航運業處境艱難，一落千丈。虞洽卿在戰時花重金購進的大批輪船不僅不再為他帶來鉅額利潤，反而成了虧損之源。有貨可運時賺不了多少錢，無貨可運時就只能坐吃山空。這樣一天天下去，他的數百萬積資消失於無形之中。親朋好友紛紛勸他激流勇退，把手中的輪船、碼頭全部賣給外商，收回成本，另覓發展之途。虞洽卿打定主意，不為所動，一心要在航運業奮鬥下去。他加緊整頓船務，添置效益高的輪船，開設機修廠，在駁船上安裝馬達，以增強競爭能力。他還盤進肇成機器廠，改為三北輪埠公司機器廠，專門修理三北、鴻安公司的船隻，後來又發展成三北機器造船廠，製造一些小型輪船和拖輪鐵駁及長江各岸的浮碼頭躉船。

為了擺脫困境，振興三北、鴻安公司，虞洽卿還從銀行貸進大筆款項。他的訣竅，是盡量買進舊船，一般每艘進價約 5 萬到 10 萬元，經修理配件，油漆一新後，以此做抵押向四明銀行或浙江興業銀行借款 15 萬至 25 萬，然後再買進舊船，如法炮製又去抵押借款。這樣一來，船不斷增加，公司畸形膨脹，銀行欠款直線上升，債務高得驚人，僅欠四明銀行款就達 300

萬元。為此，虞的支票信用極差，所開出的每張支票，往往要
跑數次或十餘次才能兌現，這還是顧及他的面子才予兌現的。
如此過了五六年，虞憑著自己的社會聲望和人們的同情支援，
居然度過了難關，沒有破產。後來洋商航運業競爭的勢頭有所
緩和，虞洽卿的公司則漸漸轉弱為強，終執東南地區民營航運
業之牛耳。

　　擺脫了困境的虞洽卿在此後的航運經營中，仍需面臨接踵
而至的困難。當時中國軍閥混戰，各種牌號的軍隊隨意扣留船
隻為己所用，虞洽卿的船隊為此時常停航。1927 年以後，國民
黨控制了華東，虞洽卿曾召集船商磋議，向國民黨有關部門請
願，要求當局不要擅自徵用船隻。國民黨當局為了穩定工商業
者的情緒，做了有限的讓步，但仍責令華商輪船公司為軍事行
動提供便利。即便在這樣的坎坷中，虞洽卿的航運事業仍然頑
強地發展著，取得了可觀的成就。到抗日戰爭前夕，他已在航
運業投資 450 萬元，共擁有大小船隻 65 條，9 萬多噸位，約占
當時中國輪船總噸位 67.5 萬噸的 13%。他在全國設有 20 多家
分公司，在華南、華北、長江沿線等地都有碼頭、倉庫。虞洽
卿在航運業中實力雄厚，占有重要地位，正如他自己所言：「重
慶民生公司、天津政記輪船公司和上海三北公司，為中國三大
民營航運業」。

活躍於政界

身為聞人，虞洽卿不僅在商界獨樹一幟，名揚遐邇，在政界也頗為活躍。他時常參與政治活動，與達官貴人和社會三教九流都有不同程度的交往，其政治態度、立場隨著形勢的發展也在變化，呈現出紛紜複雜的特點。

1911 年辛亥革命前夕，革命黨人陳其美在上海策動反清武裝起義，虞洽卿支援他的這一行動，當得知他正苦於經費無著落時，便慷慨解囊，把手頭的 8,000 元現款交給了他。虞還在英租界六馬路成立了一個寧商總會，向香港政府註冊，取得「特別照會」，用這道「護身符」掩護革命黨人在此集會，避免租界當局的搜查。他又找到商界巨頭朱葆三，竭力動員朱贊助革命。兩人經商議，共同組織了一個革命軍餉徵募隊，虞洽卿任隊長，帶領青年志士向商號及富有之家勸募，為上海起義雪中送炭。

上海光復後，為了策動江蘇省起義，使之與上海互為呼應，虞洽卿奉陳其美之命，隻身前往蘇州，遊說江蘇巡撫程德全，勸他易幟起義，響應革命。當時程德全尚猶豫不決，推說無錢自發餉銀，如果易幟後軍餉不發，軍心難以維繫。他向虞討價 100 萬兩銀子。虞洽卿當即答應為其籌款。他把南洋勸業會歸還給他的 36 萬兩銀子拿出，又設法向商界籌借來 64 萬兩，一併交給程德全。程得款後，果然把龍旗易為五色旗，由清朝

巡撫一變而為民國的江蘇軍政府都督。

滬軍都督府成立後，都督陳其美任命虞洽卿為顧問官和閘北民政長。民國元年，臨時大總統孫中山發行公債，虞又買了大量公債，支援南京臨時政府度過難關。在程德全的委任下，他還負責管理上海財政事務，並一度擔任製造局代理局長。

袁世凱竊取了辛亥革命的果實後，虞洽卿同當時大多數工商界人士一樣，曾經有過一時的動搖，支援過袁世凱，反對二次革命，還電勸浙江都督朱瑞不要加入反袁陣線，為此受到了革命黨人的警告。當袁世凱公然演出洪憲帝制的醜劇，政治野心大暴露，虞洽卿方知上了大當，轉而投入反袁行列，積極支援陳其美等人的反袁活動。值得一提的是，儘管虞洽卿的政治態度有過一些變化，但他對租界內的革命黨人始終是設法掩護的，以表明自己重義氣。無黨無派，講情面，重義氣，這是虞洽卿在紛繁複雜的政治形勢下站得住腳的祕訣。

加入反袁陣營後，虞洽卿一直支援國民黨的革命行動。他任理事長的上海證券物品交易所，每月為東南一帶的國民黨人提供一兩萬元的活動經費。透過交易所的活動，他與國民黨要人戴季陶，張靜致、蔣介石建立了密切關係。

1924 年，虞洽卿當選為上海總商會會長。上海總商會是全國資格最老、影響最大的商會，各地商會在重大社會政治問題上唯上海總商會馬首是瞻。誰坐上上海總商會會長這把交

椅，誰就是全國商界實際上的領袖，所以在 1924 年上海總商會第五屆會長選舉時發生了激烈爭奪，鬧得沸沸揚揚。總商會會董中，一派支援上屆會長宋漢章連任，一派支援中國通商銀行總經理傅筱庵出任。兩派相持不下，形成僵局，虞洽卿再次拿出他擅長調解矛盾的看家本領，兩邊遊說，居中斡旋。由於他調解有方，受到一般商人的擁護，他的同鄉、商界前輩如上海總商會的發起人嚴信厚和曾任會長的朱葆三，對他也大為賞識，故支援他出任會長。經過一番爭奪，宋漢章、傅筱庵兩敗俱傷，無力再競選下去，虞洽卿則最終當選上海總商會會長，鷸蚌相爭，漁翁得利，從此他成為上海商界首屈一指的領袖。1925 年 5 月，他又被遞補為全國商會聯合會副會長。

虞洽卿任上海總商會會長不久，國內政治局勢發生劇烈變化。馮玉祥發動北京政變後，段祺瑞重新上臺，組織政府，自任執政。段祺瑞是虞洽卿夙所欽慕之人，而段對虞也頗為敬重。1925 年初，段任命曾做過國務總理的孫寶琦為淞滬商埠督辦，虞洽卿為會辦。但虞未能得到上海各團體和市民的信賴，軍閥勢力也始終驅迫著他，使他無力一展宏圖，最後只得辭職了事。

1925 年 5 月 30 日，由於日本紗廠老闆槍殺工人顧正紅和英國巡捕射殺上海遊行市民，引發了震驚中外的五卅運動。當時虞洽卿正在北京出席善後會議，上海總商會副會長方椒伯在轟轟烈烈的群眾運動影響下，發出了罷工通告，並急電北京，請會長虞洽卿從速回上海主持大局。6 月 3 日，虞洽卿回到上海，

再次以調解人的面目出現，欲使領導運動的工商學聯合會和租界當局互相讓步，以平息這場運動。他在上海總商會內成立了「五卅事件委員會」，處理有關事項，並與段祺瑞政府派到上海的交涉官員多方聯絡，協調立場。對工商學聯合會提出的作為對外交涉基礎的 17 條要求，他認為過火，便與官方代表協商，改成了 13 條，刪去的都是鬥爭性很強的條款，在保障工人權利方面做了較大退讓。這一刪改引起工商學聯合會的極大不滿，他們召開群眾大會進行抗議。虞洽卿這時意識到自己兩面不討好，調解人難當，遂決定辭去政府談判代表的職務，不再參與和租界當局的交涉，以免捲入外交漩渦。但他仍熱衷於息事寧人的老路，把目光轉移到商界內部。在他的策劃和疏通下，6 月 26 日，上海商人終止罷市，重新恢復營業。同時他還決定組織國貨提倡會，宣布對英、日經濟絕交，並發起救援籌款，援助繼續罷工的工人。共募集到救援款近 300 萬元，他本人也拿出了一筆錢，想緩和一下民眾對他主張開市的責難。

1926 年北伐戰爭開始後，虞洽卿參與了為消滅直系軍閥孫傳芳而進行的準備活動。孫傳芳占據上海後，一再打擊與段祺瑞交好、支援皖系軍閥的虞洽卿，使虞未能在第六屆上海總商會會長選舉中連任，而是被親孫傳芳的傅筱庵取代。在這種情況下，虞、孫二人已成勢不兩立，所以虞決心倒孫。他拉攏各方面勢力對付孫傳芳，同廣州國民政府駐滬代表鈕永建祕密聯絡，還和總工會、學生聯合會的負責人祕密接觸。為迎接北伐

軍北上和與以傅筱庵為首的上海總商會分庭抗禮，虞洽卿積極
籌組了一個新的商人團體「上海商業聯合會」。1927 年 3 月 22
日，在上海工人第三次武裝起義的同一天，上海商業聯合會正
式宣告成立，由虞洽卿和商界知名人士王一亭、吳蘊齋三人出
任主席。在上海市民代表會議上，虞洽卿因參加了打倒孫傳芳
的活動提高了威望，被推為上海特別市臨時市政府委員會委員。

此時上海的革命形勢表面上轟轟烈烈，背後卻潛伏著危
機。上海工人抗爭的空前高漲，進一步引起上層資本家的恐
慌，他們把保護自己的利益、鎮壓工人的希望寄託在蔣介石身
上。身為與蔣介石有舊交情的商界聞人，虞洽卿自然成了上海
大資產階級的代表。1927 年 2 月，他曾在南昌會見蔣介石，表
明了他支援蔣的態度。3 月 26 日，蔣介石進入上海，當晚，虞
洽卿就到龍華去見蔣，商議組織為蔣介石籌措軍餉的江蘇省兼
上海市財政委員會的問題。該委員會成立後，虞洽卿成了主要
成員之一。在虞洽卿和委員會其他成員的大力活動下，4 月 1
日，上海金融資本家送給蔣介石 3,000 萬元作為經費。4 月 25
日，他們又拿出了 300 萬元。後來國民黨南京政府透過江蘇省
兼上海市財政委員會發行了數次「江海關二五附稅庫券」，合計
金額達 7,000 萬元，這些公債多由上海的資本家認購。

在蔣介石發動的四一二事件中，虞洽卿同黃金榮、杜月笙
等人密切配合，參與謀劃和行動，協調勞資關係，意欲瓦解
工人鬥志。對虞洽卿的積極協助，蔣介石自是感激不盡。投桃

報李，蔣對虞也格外尊重，有意在各方面抬高他的身價。先是在商界確定虞至尊無上的地位，繼而想拉他進政府直接為自己效力。蔣為虞安排了財政部次長的職位，虞因不願棄商從政，辭謝未就。但為便於同蔣政權保持聯絡，為日後發展企業求得保護支援，虞接受了一些名譽職務，如上海特別市參事會的參事、中央銀行監事等。

在這一時期，虞洽卿同上海租界當局的關係也更加密切。1926年底，他被選為第一屆上海納稅華人代表大會執行委員，並任執委會主席。1929年4月，納稅華人會舉行第八屆代表大會，虞洽卿當選為工部局的第二屆華董，直接進入租界市政管理機構。他盡心盡力為租界當局辦事，對帝國主義大獻殷勤，高唱「中外合作」，從而使租界當局對他大為欣賞。考慮到虞洽卿不僅是有大量企業投資的上層資本家，而且是在上海有相當影響力的旅滬寧波同鄉會會長和航業公會理事長，並與青幫頭子黃金榮、杜月笙、張嘯林等人有密切的關係，勢力極大，租界當局決意千方百計籠絡他。1936年，租界當局為「表彰」虞洽卿，將上海西藏路改名為虞洽卿路，並為此舉行了相當隆重的命名儀式，使虞洽卿大大光彩了一陣。此舉自然令他對租界當局感謝涕零，從而更加傾全力效命。

虞洽卿與國民黨政權的關係很是微妙。儘管他在幫助蔣介石奪權中立下汗馬功勞，蔣介石也很感激他，但蔣對發展工商業並無興趣。所以國民黨建立政權後，不但沒有具體制定發展

工商業的政策措施，反而在某些方面損傷了中國資產階級的利益，這不能不使包括虞洽卿在內的上海資本家極為不滿。虞洽卿曾率上海商界發表宣言，指責國民黨殘害商民的政策，並在1928年8月率滬商請願代表團去南京，向國民黨二屆五中全會請願，要求國民黨實施一系列整頓秩序，保護工商業的措施。在當時的情況下，這些要求無異於對牛彈琴。國民黨對代表團虛與委蛇，敷衍了事，請願遂不了了之。此後虞洽卿仍與國民黨當局保持很多聯繫，在不少事情上聽命於國民黨，但也時而為維護自己的利益與國民黨發生磨擦和糾紛。

在涉及到國家民族利益的關鍵時刻，虞洽卿的政治立場是站得比較穩的。1931年7月，日本警察製造了萬寶山慘案，日本殖民地朝鮮隨即發生了反華排華浪潮，大批華僑慘遭殺害。上海市各界團體對此憤慨萬分，組織了反日援僑委員會，選舉虞洽卿任委員會主席。虞洽卿隨後對記者發表談話，宣布要對日實行經濟絕交，並主張第一步從抵制日貨辦起。兩個月後，日本帝國主義悍然製造了九一八事變，開始侵入東北三省，虞洽卿在蔣介石舉辦的討論時局座談會上，再次表示要堅決抵制日貨，「非歸還東北，不停止抵貨。」表明了他的基本立場是愛國反帝的。

▌再發橫財

　　1937 年抗日戰爭爆發後，虞洽卿投入了抗日救亡運動，先是出任上海各界抗敵後援會和上海市救濟委員會的監察委員，後又組織了規模龐大的同鄉救濟會，建立起 30 多處收容所，盡力設法救助閘北、南京戰區受難同鄉，將他們遣送回籍。當時上海公共租界內難民遍地，工部局為此傷透腦筋，虞洽卿與工部局協商，成立上海難民救濟協會，救助在滬難民。虞洽卿親自出任協會理事長，為使難民脫離險境做了許多努力。

　　虞洽卿視為身家性命的三北公司在抗戰一開始就面臨了厄運，9 萬噸位的船隻中有 3 萬噸被國民黨軍隊徵用炸沉，以封鎖江陰要塞；只有兩萬噸的船正行駛於長江中，因吃水較深，進不能入川江，因江陰堵塞，退又不能回上海；餘下的 4 萬噸船停泊於上海港，無法營運。如此景況，使虞洽卿幾陷絕境。他不甘坐以待斃，便與義大利商人泰米那齊合夥組織了中意輪船公司，虞的股份占了 88%。該公司由泰米那齊任總經理，船掛軸心國義大利的國旗，可在日本海軍控制的中國沿海自由航行，主要業務是到越南西貢、緬甸仰光等地運米。為了加大運輸能力，虞洽卿設法拉起另一支船隊。三北公司在抗戰前曾向挪威華倫洋行訂購 8 艘船，總共兩萬多噸位。1938 年，虞洽卿向滙豐銀行借錢付清船款，並以華倫洋行代理的名義，讓這兩萬噸船掛挪威、巴拿馬國旗，進出日占區港口，其中一部分也

在印度支那等地運米來滬，另一部分以高額租費租給外商。這樣，虞洽卿的航運事業不僅掙扎著生存了下去，而且靠運米賺了一大筆錢。

1939 年，戰局越來越緊張，上海難民也越來越多，漸漸地，糧食供應不充足了，隨時有斷糧危險。上海市民頓時恐慌起來，開始搶購糧食，導致米價暴漲。虞洽卿召集各業公會討論組織平糴會，希望各業墊款購買洋米入滬以平抑市價，稱這是造福市民的善舉。對他的這一主張，銀錢等業的代表怕失去自己囤積居奇的好機會，故強烈反對。虞洽卿並不氣餒，在他的力主下，上海平糴委員會終於建立起來，並籌到近百萬元的款項。他派自己的船隊從西貢、仰光等地運進大批洋米，達 170 多萬包，委託各米號經手平糴，米價打 7 折，差額由捐款中補貼。對虞洽卿來說，辦理平糴是名利雙收公私兩便之舉，既可因此救助市民，博得善名，又可謀得私利，賺取錢財。戰時運費大漲，虞洽卿出船運米，自會獲取厚利，而且他所運之米也並非全部辦平糴，有一部分被他暗中高價拋售到米市去了。據估計，從運米和賣米中，虞洽卿約賺進 500 萬元。知道底細的上海市民因此罵他是「米蛀蟲」，稱「虞洽卿路」為「米蛀蟲路」。

身為名聞遐邇的商界巨頭，虞洽卿想在日偽占據上海的險惡形勢下，避居租界一隅安靜地做他的生意是不可能的，日偽時刻都在打他的主意。1937 年日寇占領上海後，便想誘使虞洽卿出面當「市長」，被虞斷然拒絕，這才拉傅筱庵出來任職。此

後，日偽不斷對虞洽卿威脅利誘，汪偽特務頭子吳世寶幾次登門借款，逼他下水，並揚言要暗殺他。1941 年日方還派了一個 80 多歲的日本老者，以老朋友身分來引他上鉤，勸他與日方合作，同樣遭到拒絕。此時國民黨也在極力爭取虞洽卿赴內地。蔣介石曾命寧波專員公署轉來兩份電報，勸他去內地從事工商業建設。他的女婿江一平也在重慶頻頻發電催促他去重慶。權衡利弊得失，虞洽卿最終下定投奔重慶國民黨政府的決心，遂在 1941 年春離開上海，轉道香港赴重慶。

虞洽卿到重慶後，主要從事物資販運，以牟暴利。他先同上海商界的老朋友王曉籟合作，辦起一個三民運輸公司，資本 20 萬元，經營陸路的搶購搶運業務，贏利甚多。後又與雲南財閥繆雲臺合資開設三北運輸公司，經營滇緬公路上的貨物運輸。該公司有道奇牌卡車 300 輛，往返於緬甸仰光與昆明、重慶之間。為搶運物資、疏通貨源，虞洽卿不顧年高體弱，親臨滇緬線全程考察，一路上風塵僕僕，食不甘味，其不畏險阻事必躬親的奮爭精神一如當年。此時重慶等地物資奇缺，兵工廠也停工待料，虞洽卿因與蔣介石有特殊關係，遂討得蔣的一紙「手諭」，寫明虞的車隊系搶運物資，沿途軍警不得留難。有了這張護身符，虞洽卿自然百無禁忌，通行無阻。他所搶運的物資，除軍需品外，還有汽車零件、五金器材、西藥等貨源少又熱銷的商品。戰時運費高昂，物價大漲，販賣這些商品自然獲利甚巨。虞洽卿雄心勃勃，他並不滿足於滇涵路上的成功，還

曾飛抵西北勘測，計劃在西北大後方開闢新的事業，後因客觀環境的限制未能實現宏圖。

1945 年 4 月，當虞洽卿正準備再飛昆明籌劃實業時，突患急性淋巴腺炎，病情急劇惡化，26 日，不治身死，終年 78 歲。他死後，家業衰落，其主要建樹三北輪埠公司等航運企業被家屬貶價出售。

徽墨鉅商胡貞益

▌祖法不可依

胡開文墨店是由績溪商人胡天柱於西元 1772 年設立的。他取南京貢院內懸的「開天文運」匾額中「開文」二字為店號，在屯溪和休寧設「起首胡開文老店」，開場製煙，工製徽墨。

胡天柱設胡開文老店時，為了防止別人搶走這好生意，形成市場壟斷，曾立下家規：後世設店者不得用胡開文招牌起棹製墨，只許用「胡開運」字號，以示新老有別。而他的後代中偏偏有幾個不遵循這祖法家規者，六房曾孫胡貞益（西元 1846 ～ 1935 年）就是其中的一個。

胡貞益認為，製墨開店，旨在生利，世事變遷，市場不同，古法適於前代，而不能用於後世。後世人不能刻舟求劍，

事事依樣葫蘆，而應當順應市場變化，審時度勢，靈活應變。加之「胡開文」店老名重，已闖出牌子，正應當擴大影響，提高知名度，又何必事半功倍，另起爐灶。因此，他抱定一個祖法不可依，陋規不足守的宗旨，不顧族人反對，毅然在鞠湖另設胡開文墨店，開椁製墨。

胡貞益在蕪湖開椁設店，是經過縝密市場調查研究的結果。他見太平天國革命失敗後，封建統治秩序經過激烈震盪，又重新恢復，清廷開科取士，恢復科舉。蕪湖為太平府文童考試之地，舉人學子彙集，對墨的需求量甚大；二則，明清以來私家講學著述成風，各地書院在官府捐助下普遍設立，講授經史以備考試。蕪湖書院不少，各地莘莘學子都集中到這裡，爭名於朝，墨為基本書畫用品，須臾不能缺少；三則，蕪湖是著名米市，商船米棧，列如星雲，經商寫帳，耗墨費紙；四則太平天國革命中，蕪湖為兵家爭奪之地，舊有墨業在戰爭中凋零敗落，尚未恢復，一時需求甚急而產不應供，大利所在，誰願退後，便於西元 1869 年以 500 元資本與人合作，在蕪湖設立「胡開文墨店」。

要有銷售，先開銷路。胡貞益深知舊時墨的銷售對象主要是官府、文人學子，這些文化人對名牌產品很敏感，只有老店名牌才能滿足這些人求名求榮的消費需求，於是不顧「後世開店不許用胡開文牌號」的祖訓，專門命名本號為「胡開文」，樹立店老貨真的信譽，為生產開啟銷路。

　　墨店初設，裝置簡陋，前店後場，試產高階名墨，因其祖傳祕術，實料真工，店老名重，產品銷路很好，短短幾年就累積了 3,000 元資本，後來店東折股，由胡貞益一人獨辦。他精於生意之道，一方面為滿足文人學子對高階名墨的需求，講究品質，裝潢精緻美觀，古色古香，所製高階集錦墨分別在南洋勸業會和巴拿馬國際博覽會上獲金質獎，使企業在消費者心目中名氣很響；另一方面，又專門製造一些普通墨，定價極低，專供一般店家居民書帳寫字之用，以此廉價招徠，爭取顧客信任，業務大展。到西元 1890 年就發展到繁榮時期，資本累積到 3 萬多元，擁工 40 餘人，業務已超過休寧老店，成為徽墨的後起之秀。

陳規不可循

　　胡貞益經營胡開文墨店的另一個宗旨就是陳規不可循。他認為，市如流水，商如行雲。要在變幻莫測的市場競爭中引導企業生存發展，就必須隨市場需要之波，逐行情變化之流，根據市場需求變化靈活調整產品結構，才能牢牢抓住市場，取得經營主動。那種墨守成規，守株待兔式的呆板經營，絕無營業發達之望。

　　政情即是商情。政治風雲變幻往往會對市場發生深刻影響。因此，胡貞益做生意很留心政情變化，巧妙捕捉市場需求，靈

活組織經銷。辛亥革命以前，文化專制，科舉取士，學在官府，墨的銷售對象主要是官府文童；加之口岸開放，蕪湖為商埠之一，大量貨物在此集散，市面轉旺，一般商家算帳寫牌對墨的需求也有增加。針對這種市場結構，他規定企業的產品結構是８：２，即高階名墨占產量八成，普通墨占產量二成，主營高階名墨以供文人騷客需求。

辛亥革命後，廢科舉而開民智，全國各地學校林立，這一變化對徽墨影響極大。廢科舉使封建士大夫風吹雲散，高階名墨需求銳減，興學校對普通墨需求激增。有的店家不能適應這一變化而關門倒閉，胡開文則不同，他們對市場結構變化，反應靈活，立即調整產品結構，把原來高階墨與普通墨的比例由８：２調整為３：７，即普通墨占產量的七成，全力發展符合一般民眾需要的普通墨。由於普通墨工本低，生產快，銷路廣，使企業在轉變生產結構中抓住了有利商機，賺了不少錢。

針對市場結構的變化，他們不僅調整產品結構，而且轉變經營方式，在以生產高階墨為主時，銷售對象主要是封建士大夫，這些人「只要貨好、哪問價高」，他們主要採取開門攔客，現貨交易的經營方式。辛亥革命後，改為以生產普通墨為主，面廣量大，又以一般民眾為主，他們就變為以賒銷方式促進銷售，使賒銷額通常占到營業額的60％。除門市交易，預售賒銷，三節算帳外，他們還走出店門，外出販賣，每逢學校考試時，就抽調職工挑著產品到學校附近設攤求售，還對附近縣

鄉的文具店實行大宗批發，透過肩挑小販，把產品輸向山鄉水寨，生意做得非常活。從而使企業利潤逐年增加，1993 年營業額為 2 萬元，其中利潤就高達 1.3 萬元，足見其經濟效益之好。

胡開文墨店業務興隆後，後來居上，對休寧總店有取而代之之勢，引起休寧總店的不滿。他們決定在蕪湖胡開文店旁邊專設門市，兄弟擂臺，與之競爭。這一措施，爭起蕭牆，新老兩「胡開文」相悖於道，對蕪湖胡開文墨店是嚴峻考驗。胡貞益認為老店不可畏。他冷靜分析形勢，看到總店名重店老，規模大，花色品種多，硬拚非為上策，便巧用籌思，避其鋒芒，擊其不備，採用「圍魏救趙」的競爭策略，搶在總店在蕪湖開設分店之先，撥貨到南京、漢口設立「利記」、「貞記」兩個分店，搶先占領有利的銷售陣地，當時南京是江蘇會考之地，秦淮河畔墨人騷客雲集，又有兩江總督龐大衙門，是徽墨的極好市場。而漢口更是南北物產轉匯之地，又是湖廣總督行轄所在，武昌三鎮，工商薈萃，四川的桐油經漢口轉銷各地。店設南京、漢口既可購得廉價原料，節省流通費用，又可進一步拓展市場，扭轉蕪湖市場的劣勢，取得全域性競爭的先發。這一競爭策略果然奏效，迫使總店言和，充分反映了胡開文墨店經營上的主動性。

「百家經理」黃楚九

以藥發家

黃楚九（西元 1872～1931 年），名承乾，字楚九，號磋玖，晚年自署「知足廬主人」。他於西元 1872 年 4 月 9 日出生於浙江餘姚一個破落地主家庭。黃楚九的父親是位中醫，母親蔣氏亦擅治眼疾。黃少時讀過一些中西醫籍，後又隨父行醫，耳濡目染，對岐黃之道略知皮毛。15 歲那年，其父亡故，他隨母親來到了繁華的上海灘。母親望子成龍，送他到當時小有名氣的清心書院讀書。但因家境不好，不久便輟學了。黃楚九到茶館酒樓叫賣眼藥，那時科學不發達，缺醫少藥，所以黃的生意一直不錯。他漸漸發現，上海灘抽菸的人雖不少，但想戒菸的人則更多，於是他自己製作「戒菸丸」以及其他九散膏丹，在遊人如織的城隍廟得意樓前售賣，生意果然不錯。

此外，黃楚九也還兼做醫生。相傳他為了替自己做宣傳，就免費為城隍廟裡的一些民間藝人治病，然後對其醫術大肆渲染。後來，黃楚九同母親在舊城內開設診所，取名「頤壽堂」（又名「異授堂」），自炫為祖傳眼科名醫，兼製中成藥眼藥發售，但終因資本有限，只能零星出售。據證，黃楚九曾因有段時期眼科生意不甚理想，暗地裡賣些春藥，以維持生活。不料因為春藥行銷太廣，竟被縣衙拘捕，判打屁股四十大板，並嗚

鑼遊街。

從西元 1888 年至 1889 年，華人經營西藥的中西和華西兩大藥房相繼設立，生意興隆，獲利優厚。這時黃楚九遍覽群籍，認為中醫義欠圓滿，而西藥效速利厚，生意好做，於是決定棄中就西。

為籌措經營資本，黃打算向一富家寡婦借錢。為了獲得信任，黃故意先借了一小筆錢，先存在身邊，一俟期滿，倒貼上自己的錢，連本帶利如數歸還。取得富孀的好感後，黃再次行借，得到 3,000 元的長期貸款。西元 1890 年（光緒十六年），黃楚九將頤壽堂遷至法租界四馬路（今金陵東路），改名「中法大藥房」，外文招牌為「Great Eastern Dispensary」，保留眼藥行銷業務、主要經營西藥。營業甚佳，資本增為 1 萬元，從業員已有 6 人，這是黃楚九經營西藥業務、施展才能的開始。其後，藥房店址從法租界遷至英租界四馬路湖北路口，1904 年又遷至漢口路浙江路東首，改獨資經營為合夥經營。

黃楚九是一個事業心很強的人，他在經營西藥買賣的同時，著重製銷本牌成藥。早在 1904 年以前，黃就從藥劑師吳坤榮（智臣）處弄到一張滋補劑藥方，製銷「艾羅補腦汁」（磁質補劑），瓶上印有「Dr T C Yale」字樣，外文題名為「Yale Stimulant Remedy」，揚言為美國「艾羅醫生」的處方。實際上艾羅其人純屬子虛烏有，T C 是楚九英文譯名的縮寫，Yale 則代表黃楚九的姓，由黃的英文「yellow」改寫而成。這是黃利用當時人們的崇

洋心理，將藥名洋化的高招。當時，廣告業在中國尚未興起，許多商人不懂得廣告的好處。黃楚九年輕敢為，他在上海各報天天登載廣告，配上大段文字介紹，稱此藥能使人「精神健旺，筋骨強健，面色紅潤，思想日富」。依靠宣傳，「艾羅補腦汁」行銷各地，供不應求，成為中法藥房的發家產品。據黃的門生、原中法藥房副經理徐斌才介紹，當時調製「艾羅補腦汁」僅用一隻大的紫銅鍋，手工生產，因需求量大，有時上櫃的甚至是尚未完全冷卻的製成品。利潤優厚，如 168 毫升的大號補腦汁售價每瓶 2 元，它的實際成本僅 4 角，利潤高達 400%。當時與補腦汁同時生產的尚有艾羅療肺藥、精神丸、日光丸、九造真正血等產品，這些產品大部分以「永珍」為商標，圖案是大象背上安置一盆萬年青，取「萬年常青」之意。1906 年，黃楚九為了擴充業務，盤下左鄰「民園茶樓」，將藥房擴大為八開間門面。1907 年把企業改組為股份有限公司，學徒和職工增加到 40 餘人。在此之前，黃利用合夥股東間的矛盾衝突，以低價承購他人的股份，由合資恢復為獨資經營。次年，黃楚九又花了 6 萬元鉅款，將店屋重新翻造，落成了一幢三層樓鋼骨水泥洋房，這在當時的同業中是絕無僅有的。黃為了炫耀，買了一輛當時在上海灘也屬少見的汽車代步，儼然一副鉅商的派頭。

　　黃的發財引起了不少人的眼紅。不久，冒出來一個外國流氓，自稱「艾羅博士之子」，指控黃楚九盜用其父祕方牟利，宣稱自己對「艾羅補腦汁」有絕對的繼承權。黃明知他是「黑吃

黑」，旨在敲詐，不值一駁，但如果對簿公堂，自己不免暴露真相，於是只得付給他數千元息事寧人。這洋人收到錢後，以艾羅醫生兒子的名義簽署了一張收據。雖然吃了虧，但具有強烈經營意識的黃楚九卻利用這張收據大肆宣傳，使人們確信艾羅補腦汁真是洋人所製，業績因此更上一層樓。

1907 年，清政府迫於壓力，降旨禁菸。一些外商藥房藉機製造「禁菸丸」，華商藥房紛紛起而仿效，黃楚九也以勸人禁菸為名，製銷一種以嗎啡為原料的「天然戒菸丸」，每瓶售價 1 元，成本極低，純利率在 200％以上，僅此一項，每年獲利就達 10 萬餘元。

也是在這一時期，黃楚九為製銷「龍虎人丹」，與日商發生商標糾紛，大打了一場官司。辛亥革命以前，日貨「翹鬍子仁丹」行銷中國城鄉，黃乘國人掀起抵制洋貨以振興民族運動之機，以挽回利權為名，覓得一張名為「諸葛行軍散」的古方，據此自擬一類似處方，於 1910 年在浙江路 775 號設立一個「龍虎公司」，研製「龍虎」人丹，欲與日本「仁丹」相抗衡。因一時之間銷路難以開啟，兩年後將商標、生財等作價 4 萬元，盤給中華書店經理費伯鴻（又名陸費達），改名「中華醫藥公司」，成為獨立形式的中國製藥工廠。未滿三年，該公司 6 萬元資本全部蝕光，於 1915 年以 2 萬元的價格回盤給黃楚九，成為中法藥房的附屬企業。黃楚九接盤後，依靠商業資本為後盾，與日本「翹鬍子仁丹」展開競爭攻勢，大做廣告宣傳，進行放帳賒銷，擴大

批零差價，引起日商東亞公司的嫉妒。日商以「仁丹」曾向北洋政府農商部註冊為由起訴，控告中法製藥公司生產的「人丹」是「仁丹」的冒牌貨，要求公司停止生產。這與當年的艾羅事件不同，黃決心與日本人周旋到底。他聘請律師據理力爭，官司逐級打到北洋政府大理院，但久久未能定案，直至「五四」運動反日風潮後，內務部最後裁定，「名稱不在專用範圍之內」，才獲勝訴。日商見「官司」不能取勝，又以金錢利誘，多次託人向黃楚九疏通，願以鉅款收買龍虎人丹的商標和製造權，為黃所拒絕。從此「人丹」和「仁丹」同時在市場上行銷，而且銷路超過「仁丹」，一天天看好。

　　黃楚九除經營中法藥房外，對同業中其他藥房也樂於投資。中英藥房於 1909 年改組為股份有限公司時，黃投入股金，成為股東之一。1907 年黃與謝瑞卿、夏粹芳三人合辦五洲藥房，後五洲改為股份有限公司，成立董事會，黃楚九被推為首屆董事，享有永任董事和對「人造自來血」抽取回佣的特權。天津中法藥房支店當時也簽有代銷「人造自來血」合同，按規定從銷售金額中抽取回佣 5 釐。黃考慮到其業務重點在中法，因此多次與五洲經理協商，後達成協議，將黃在五洲的股權和特權全部讓給五洲經理項松茂，項則將其在新世界的全部股份讓與黃楚九，並付黃 2.2 萬元現金。雙方在《申報》、《新聞報》上登載宣告。自此，黃與五洲正式脫離關係。

　　1911 年，黃楚九創辦的中法藥房資本額已增為 6.8 萬元，

以後資本累積很快。黃楚九自任總經理,在商界已是頭角崢嶸,擔任了上海總商會的會員,取得了一定的社會地位。黃為了保障自己企業的利益,曾花幾百元錢買到一個葡萄牙的國籍,同時將中法藥房向葡萄牙領事館註冊,因此在早期中法的信封信箋上都印有「葡商」字樣。以後由於業務逐步發展,在外埠陸續開設聯號、分店,必須和當地政府有所聯絡,黃又向清政府捐了個二品頂戴。辛亥革命後,他又從北洋政府弄到「大總統府諮議」、「幣制局顧問」、「財政部參事上行走」等一系列掛名頭銜。黃「遇事喜別出心裁,恥襲人後」,為人精明幹練,廣交社會各方人士,家中養有門客,為他出謀劃策。由於他腦袋轉得快,鬼點子多,人們稱他為「強門」(Cermany)頭腦。

黃楚九於 1915 年 8 月將中法大藥房改組為股份有限公司,拉攏「商界名流」為其投資。如主要股東虞洽卿為荷蘭銀行買辦,陳如翔是漢口四明銀行經理,席子佩是華義銀行經理,而他自己則大權在握,自任公司的董事長兼總經理。

一戰期間,西歐各國藥品來源中斷,而國內西藥市場不斷擴大,西藥價格暴漲,加之「五四」運動之後,提倡國貨深入人心,國產藥品銷售蒸蒸日上,中法獲得了高額利潤,資本累積更快。1916 年,中法公司盤進製銷「紅血輪」的羅威藥房,這以後中法公司的新產品大部分是以「羅威公司」的名義生產的。1918 年,費伯鴻、陳鶴亭、鄭贊臣等人相繼加入成為股東。1928 年,中法公司的資本增加到 20 萬元。

　　1923 年，黃楚九委託周邦俊從顧松泉手中盤進華人在上海開設的第一家藥房 —— 中西藥房，僅以 5 萬元的低價受盤了中西藥房的全部存貨，轉手間黃即獲利一倍以上。黃盤進中西藥房後，大行整頓，經過其積極經營，中西業務大有起色，資金累積也很快。1928 年在公積項下提銀 20 萬兩，於福州路山東路轉角處自建新廈，一共五層，作為中西藥房的總發行所。黃在中西藥房生產「明星花露水」以抵制外貨「林文炯花露水」的傾銷。同時，黃楚九又有新藥「百齡機」（又名「百靈機」）問世。「百齡機」實是一種有滋補性的開胃潤腸藥，與當時行銷的英國貨「韋廉士紅色補丸」相似。配方定型後，即辦理藥品登記手續和商標註冊，由中法藥房生產。因系新藥，擔心影響中法藥房信譽，故此一開始就由虛設的「九福公司」經銷。「百齡機」藥片的專用商標為「九福牌」，即九隻蝙蝠圍繞著一個「富」字，蝙蝠象徵吉祥如意，九隻則取黃楚九的「九」字。

　　為了促銷，黃楚九在《新聞報》上長期包攬了一個廣告專欄，聘請一位名叫吳虞公的文人，每日一稿，撰寫「百齡機」的宣傳文字，日日刊登，以「煉取百藥之精華」、「補血補腦補腎」、「有意想不到之效力」為號召，大肆渲染。黃還在其開設的「大世界」遊樂場屋頂豎起巨幅廣告牌，並租用一架飛機，在上海上空撒下印有「百齡機」廣告的傳單。他又用道林紙精心印製《百齡機畫報》數萬冊，登載表彰「百齡機」功效的來信摘錄和其他宣傳文字，同時登報宣稱客戶只需寄上郵費二分即可贈送一

冊。一時間函索者紛至沓來，郵局應接不暇；只好日夜用麻袋裝運分發。此外，黃還定製了一批「百齡機熱水瓶」、「百齡機毛巾」，均按成本價廉價出售。1928年，黃在大世界共和廳宴請70歲以上高齡的老者百餘人，號稱「百齡大會」，為「百齡機」做了一次奇特的廣告。

在「百齡機」的經銷中，黃楚九抓住「一分價錢一分貨」的購物心理，故意定價偏高，讓消費者相信它確是高檔滋補新藥。精心的宣傳，使「百齡機」銷路日盛，從而獲取了高額的利潤。1926年，營業額已達120萬元，並在天津、重慶、瀋陽、杭州、福州等大城市開設分店。

資金的大量累積，使黃楚九有財力來擴大生產規模。1926年，黃在白克路（今鳳陽路）250號自建一幢鋼骨水泥大樓，正名為「九福製藥公司」，由黃的女婿陳星王任經理。從國外引進製片、製丸成套裝置，建立了現代製藥流水線。依靠這些裝置，九福製藥公司後來又生產了「補力多」和「樂口福麥乳精」，分別與市場上銷售火爆的美國貨「帕勒託」及瑞士的「華福麥乳精」一爭高下。

黃楚九還投資開設一家黃九芝堂國藥店，並出資辦了急救時疫醫院和明濟眼科醫院。

1927年春，上海發起組織新藥業公會，定名為「上海特別市新藥業同業公會」，公推黃楚九為首席委員，其他委員有黃榮

華、袁鶴松、屠開徵、範和甫、周邦俊、吳靜齋等人，以謀取日益增多的藥業人士的共同利益。

黃楚九以經營西藥起家，到 1931 年病故前，已擁有中法藥房總公司和本市各區支店 6 處，在漢口、天津、蕪湖、南京、鎮江、南昌設外埠分店 6 處。另有中西藥房、羅威公司、九福製藥公司、中法藥廠、中華製藥公司、急救時疫醫院、明濟眼科醫院等 20 多個醫藥衛生事業單位。各廠製造的國產成藥和艾羅補腦汁、龍虎人丹、補力多等產品，暢銷於中國市場，並遠銷到香港和南洋群島等地。

▋ 得意之作

黃楚九在一生創業中，涉足眾多行業，除了發家的藥業外，還開過旅社、酒館、茶樓、浴室、銀行、交易所等等。不過，使他最感興趣，也是他辦得最成功的，則要數遊樂場的經營。「大世界」遊樂場是黃楚九一生最得意的傑作。

1912 年，黃與人集資在南京路浙江路口開設「新新」舞臺（後遷福州路改名天蟾舞臺），上半場邀請京劇名伶演出，下半場則演文明戲，以迎合各界人士的口味。「小叫天」、「麒麟童」及馮子和、趙君玉等均在新新演臺上登臺獻藝。當時，有號「漱石生」的孫玉聲者，從日本回國，向黃楚九描述東京把巨廈的屋頂闢為花園，以供人遊樂的盛況。黃為之動容，覺得此法新奇

引人，有利可圖。於是與英國買辦、地皮大王經潤三合資，在新新舞臺的屋頂上蓋起了玻璃廳棚，取名「樓外樓」（當時稱「屋頂花園」），實際上這就是上海的第一家遊樂場。「樓外樓」四周擺滿花盆，內有說書及地方戲曲等節目。引人注目的是它用電梯送客上下，為上海首創。遊樂場的進門處設置讓人捧腹的哈哈鏡，在當時十分的稀奇。遊客們花上兩角錢，即可登高遠眺上海景色，又可納涼品茗吃冷飲。因此這個玻璃棚雖然面積不大，卻常常日夜客滿，頗獲了些厚利。

屋頂花園需藉助於天時地利，黃楚九考慮到夏天一過，秋去冬來，遊客會越來越少，且「樓外樓」面積有限，營業受到限制。於是黃又聯合經潤三組建新業公司，在南京路西藏路口租地造屋，建造三層樓房一座，開辦「新世界」遊戲場，於1915年正式開幕，由黃擔任經理。此處地點適中，場內南北戲文曲藝雜陳：大京班、大鼓、口技、雜耍、三絃拉戲、文明戲、蘇灘、申曲、說書、歌舞，應有盡有，還設置了菜館，供應中西菜餚、各色小吃、各類糕點及水果、冷飲等。觀眾入場，可任意選擇觀看玩樂，不受時間、場次限制，因此遊客甚眾，不敷容納，於是又在路北另闢一場，中間鑿隧道相通，增加電影院、溜冰場、彈子房等。「新世界」適合各方人士口味，生意興隆，盛極一時。

「新世界」創辦的第二年，經潤三病故，其妻汪國貞參與「新世界」的經營管理。這位女士十分精幹，與黃楚九之間經常

爭權奪利。黃楚九憤而拆股，宣布從此脫離「新世界」。

不甘示弱的黃楚九決心與「新世界」抗爭到底，他與人合組了「大發公司」，集資 80 萬元，在準備擇地興建的當口，法租界甘司東領事忽派翻譯來訪，示意黃到法租界來開辦遊樂場。原來這位領事先生深感遊樂場能帶動周圍地段的繁榮，極力慫恿黃的遊樂場開在自己的轄區前，以促進市場的繁榮、稅收收入的增加。

在法領事各種優惠的吸引下，黃在法租界愛多亞路（今延安東路）西新橋塊租了一塊地皮，這裡當英、法兩租界交界要衝，原是烏鎮鉅商徐曉霞委託公平洋行經理的地方。是年 3 月，「大世界」破土動工，7 月 14 日即告落成開幕。

「大世界」規模宏大，面積比「新世界」要大一倍以上，每天可接納觀眾 2 萬多人次，所設劇場、劇種較「新世界」倍增。遊客只需花兩角門票，即可自午至晚，任意選擇，盡情遊樂，肚子餓了，或上餐廳，或品風味小吃，所費無幾，十分方便。

黃楚九除自己精心設計外，還聘請了一班文人墨客當顧問，為每個新建築都起了雅緻的名字，如：飛閣流丹、層樓遠眺、亭臺秋爽、霜天唳鶴、鶴亭聽曲、廣廈延春等，號稱「大世界十大奇景」。他不僅在滬上各報大登廣告，還自辦了一張《大世界》小報，對為其寫稿鼓吹者奉送「大世界」月券。

1917 年 7 月 14 日晚，上海各大報宣傳已久、號稱「中國

第一俱樂部」的「大世界」遊樂場在震天的爆竹中剪綵開幕了，14,700 多平方米的遊樂場燈火輝煌，熱鬧非凡。底樓的「共和廳」裡，滬上名妓輪流獻藝，美其名曰「群芳會唱」，引得臺下口哨聲、掌聲不斷；「乾坤大劇場」上下兩個看臺的千餘看客，一邊品嘗著茶點，一邊津津有味地看著臺上開京劇慣例之先的男女同臺合演，不時地掌聲如雷；露天場地裡，滿載的高空飛船在空中旋轉著……

此時，「大世界」的主人、上海灘風雲一時的投機商人黃楚九，正在各界名流為他慶賀的宴會上春風得意地四處周旋。他心裡明白，他的事業又更上一層，他的鼎盛時期就要來臨了。

在極力宣傳之下，「大世界」遊客如雲，「新世界」相形見絀。汪國貞也不肯善罷甘休，她用擴充地盤，開設隧道一法，標新立異地使「新世界」重換新顏，改頭換面後的一兩個月間，果然遊客大增，但天長日久，遊客們新奇感漸衰，加之地道建築品質不高，壁上汙水橫流，臭味難聞，又加之空氣不流通，使遊客不得不掩鼻而行，汪國貞花了巨資建造的地道，最終血本難歸了。此後，汪在大勢已去的競爭中，還做了一番垂死掙扎：在上海名妓中選舉「花國總統」、「花國總長」，在北部「自由廳」舉辦「群芳會唱」之類譁眾取寵的節目。但終因無力回天，最後只好把它盤給陸錫候。

人稱「腦筋靈敏，加人一等」的黃楚九，最終如願地擊垮了「新世界」，報了一箭之仇。他的「大世界」在十里洋場上獨占鼇

頭，法領事甘司東對這個結果也十分滿意，法租界內菸、賭、娼活動滿盈，為上海一盛地。一批暗娼買「大世界」長期門票，在裡面拉客賣淫，名為「跑世界」，黃楚九對此很滿意。為招攬顧客，黃將當時上海盛行的文化賭博活動「打詩謎」引進「大世界」場內設攤。讓攤主張燈懸謎，每個攤位月租四五百元，後又漲到七八百元，攤位當時有十幾個，這樣既增加了收入，又吸引了遊客。有一時期，黃還在「共和廳」旁的一個小廳裡設立「濟公壇」，扶乩搞鬼，後經人勸阻，總算是停止了這項迷信欺騙活動。在「大世界」的帶動下，法租界內原本冷清的面貌大為改觀了。除了藏汙納垢的賭窟、妓院、燕子窩（鴉片菸館）外，還出現了銀行、錢莊、洋行、商號及旅館、餐廳等。黃楚九為這一地區的繁榮，確是立下了汗馬功勞。

除此之外，上海新興娛樂事業的發生、發展和黃楚九也有著密切的關係。在黃創辦「樓外樓」和「新世界」開風氣之先後，「天外天」、「繡雲天」、「小世界」、「神仙世界」、「大千世界」等遊藝場所如雨後春筍般在上海灘湧現。先施、永樂等大百貨公司也在自己的樓頂上附設遊樂場所，分別取名「天韻樓」和「樂園」，大有仿效「屋頂花園」之勢。後因「大世界」的興盛一時，「大千世界」、「花花世界」、「神祕世界」等紛紛難以維持，只好關門。「大世界」名聞遐邇，以致外地客人來上海，沒去「白相大世界」，就會認為白來了大上海一遭。黃楚九本人也躋身於上海灘的名人之列，成了婦孺皆知的人物。

唯錢是務

黃楚九在經辦新藥業時勇於與洋人競爭，使國產西藥在國內占有一席之地。有些人因此讚譽其行為是「抵制洋貨，挽回利權，振興民族實業」，此話不無道理，至少客觀上是如此。但如果將這一評語移用在他開辦「福昌煙公司」一事上，似乎就欠妥當了。其緣故還得從英美煙公司說起。

英美煙公司於 1902 年在倫敦成立，其距第一次鴉片戰爭結束正好 60 年。像當年的鴉片商一樣，英美煙公司認定人口眾多的中國是傾銷香菸的廣闊市場，便於這一年下半年在上海博物院路（今虎丘路）上設立了英美煙公司上海分公司，並在浦東陸家嘴興建了高大的廠房，從國外運來機器，開始僱傭中國工人日夜製造各種牌號的香菸。與此同時，大規模展開廣告宣傳，積極發展行銷網，派推銷員深入內地，向中國城鄉各地傾銷。這個菸草工業托拉斯憑藉帝國主義在華勢力和雄厚的資金，沒多久就開啟了香菸在中國的銷路。到 1920 年前後，英美煙公司各種牌號的菸草製品在中國的銷量已高達每日 50 億支，銷售網遍布中國大中城市。

在英美煙公司迅速發展的同時，中國人也開辦了一些菸廠，其中規模最大的是廣東籍簡氏兄弟集中華僑資金創辦的南洋兄弟菸草公司。但捲菸工業整體來說由於資金不多，規模較小，原料、機器仰仗外人，成本高，且受外菸低價傾銷的打

擊，又得不到本國政府的支援，銷路難以開啟，談不上與英美煙公司匹敵。

雖然黃楚九開辦的菸草行 —— 福昌煙公司也屬小廠之列，但竟然一度使英美煙公司深感頭痛。

1917 年某一天，上海各大報的第一版上，同時刊出一只套紅的「大紅鴨蛋」，既無標題，又無說明，而在此之前，上海報紙還從未有套紅的標題或廣告的先例。這個未加任何文字說明的大紅蛋當然使人們又驚奇又費解。第二天，版面上是一個孩子的後腦勺，拖著一條烏黑的髮辮。第三天，又出現了一個人見人愛的胖娃娃。讀者急切地想知道這葫蘆裡賣的到底是什麼藥。第四天，謎底終於揭開了，報紙的頭版刊出了一條「祝賀大家早生貴子」的賀詞。原來是新開張的「福昌煙公司」推出了一種「小囡牌」香菸。為了慶祝「小囡」誕生，公司特向大家報喜，奉獻「紅蛋」。俗語道「有子萬事足」，得子吃紅蛋是件大喜事，這個奇特的廣告促使人們紛紛購買「小囡牌」，一是嘗個新鮮，二是討個吉利。無獨有偶，善做廣告的英美煙公司在「紅蛋」廣告之前，曾做過引人注目的「烤」字廣告：他們讓上海的黃包車伕都穿上背後印有「烤」字的馬甲，人們四處打聽這個字的奧妙何在。後來才知道這是英美煙公司新出的「翠鳥牌」廣告。據稱，這種香菸的菸葉是用「烤」法精製，味道醇正。英美煙公司的廣告不能不說是別出心裁了，但比起「福昌煙」這齣買香菸送紅蛋的噱頭也只能自嘆不如。

說起「小囡牌」香菸的註冊，還引出了一段故事。當時黃楚九想製造「小囡牌」來抵制英美煙公司的「嬰孩牌」，必須到北京農商部辦理註冊手續，苦無適當人選去北京疏通。正巧有個同鄉王升如向他謀生求職，他知道王有位胞兄在農商部當科員，就給王以高薪，任為祕書，並給以鉅額費用派王去北京疏通，終於取得了商標專利權。但這個王升如卻很不安分，竟寫了一封恐嚇信向他索款十萬元，否則將炸毀「大世界」。在限期之日，果有人以香菸罐頭內裝炸藥帶進大世界，被事先埋伏好的巡捕捉住，經偵審供認指使人就是王升如。黃楚九初聞為之一驚，但隨即又打電話通知王升如逃走。有人問他：「你待王升如有恩，而他卻恩將仇報，你何以還要通知他逃走？」黃道：「我對一個人已有99%的好處，何必因一件不好而抹卻過去對他的一切好處呢？我對一個人好是有始有終好到底的。」

黃楚九是頗能籠絡住人的，據說「小囡」廣告的創作者張善琨就是深為黃所賞識的一個。張畢業於南洋大學（今上海交通大學），黃委其以重任，張登上了「福昌煙公司」廣告主任的寶座。張與當時的京劇女伶「女叫天」童俊卿情投意合，黃得知此事後，替他們排除了重重阻力，成其良緣。張深為黃的恩德所感動，對黃可謂盡心效力，新穎獨特的「紅蛋」廣告就可見其用心良苦。

黃楚九不僅在上海的大報上大登「紅蛋」廣告，還在馬路上到處貼上「紅蛋」。他在他的「大世界」遊樂場為他的「小囡牌」

廣為宣傳，甚至不惜隨大世界門票，贈送一包香菸試吸，遊客人手一支，使「小囝牌」香菸立即風行一時，當時稱霸煙業的英美煙公司洋老闆預感不妙，為了盡快扼殺競爭對手，他們以20萬元的代價收買「小囝」的商標和製造權，一度雄心勃勃的黃楚九經不起外國老闆的誘惑，終於被收買。「小囝」就此夭折了。

黃楚九得款後，又另設福昌煙公司，出口「至尊」牌香菸，同樣大登廣告，宣傳競爭，令英美煙商又頭痛又無奈。

如果說，黃楚九推出「小囝牌」香菸還曾有過與洋人一爭高下之心的話，黃受賄誹謗「南洋兄弟菸草公司」，就有辱國格和人格了。

由南洋華僑簡照南、簡玉階兄弟所建立的「南洋兄弟菸草公司」，當時已是中國捲菸工業中最大的企業。由於簡氏兄弟的刻苦努力，至「五四」前後，南洋菸草公司產量已達英美煙公司的1/4，其「白鶴牌」、「飛馬牌」、「雙喜牌」香菸大有與英國公司極為風行的「玫瑰牌」、「強盜牌」一爭勝負之勢。英美煙公司深感其威脅，提出以每年分給南洋公司25%的利潤（約405萬元）為條件收買南洋，為簡氏兄弟所拒絕。英美煙公司一計不成，又生一計。當時「五四」運動正熱火朝天，抵制日貨的浪潮正在興起，英美煙公司藉口南洋兄弟菸草公司主人簡照南於光緒二十八年（西元1902年）曾入日本籍，並花了40萬元錢向黃楚九行賄，唆使黃親自到北京向北洋政府農商部誣告南洋兄弟菸草公司為日本資金所開設，所生產的產品純粹是「日貨」，應撤

銷其登記、註冊，不准它以國貨相稱。黃楚九拿到這筆錢後，自己留下 20 萬元，以另 20 萬元向北京農商部的有關官員行賄。農商部因此吊銷了「南洋兄弟菸草公司」的執照，責令其停止營業，後來簡照南專程赴日本脫離日本國籍，在國內民眾和輿論界的支援下，於 1919 年 10 月方開始重新生產營業，經過半年多的折騰，「南洋」自然元氣大傷，難以再和英美煙公司決一高下了。

1925 年「五卅」運動期間，國內各地不光抵制日貨，連英貨也在抵制之列，英美煙公司的香菸苦無銷路。經過上兩次的接觸，英美煙公司摸到了黃楚九的脾氣：別看他手腕多，鬼點子層出不窮，愛國口號叫得震天響，但「有錢能使鬼推磨」，只要肯往他身上花錢，照樣能牽著他的鼻子走。於是「英美煙」又一次重金行賄，指使黃楚九將他們生產的洋菸改裝成「福昌煙公司」出品的香菸，到漢口等地推銷。黃楚九見錢眼開，毫無氣節，又一次充當了一個極不光彩的角色。

風險經營

身為「眾家經理」的黃楚九，在金融業中也頗有一手。

黃楚九於 1919 年在「大世界」附近的愛多亞路開設了「日夜銀行」，後又在浙江路寧波路口和北四川路蚓江路口設立了分行。一天 24 小時對外營業。銀行存款辦法分零存整取、整存整

取、定期存款以及隨存隨取等。定期存款最短的可以三個月為
限（周息七釐），其他有六個月、一足年或二、三、四、六足年
不等。開戶不限存款多少，利息較一般略高，存取手續簡便，
凡一次存入 100 元以上者，贈送「大世界」入場券兩張。此外，
銀行還以半價出租「純銅堅固新式保管箱」，供存戶使用。「日
夜銀行」開張之際，黃楚九在《申報》、《新聞報》等上海各大報
上分別刊登《大世界存款遊覽部存款章程》和「日夜銀行存款辦
法」。黃利用他的宣傳手段，使銀行存款數額不斷增加，為擴充
其他企業累積了資金。日夜銀行的存戶以其周圍的小職員、工
人、商販、僕傭、妓女等下層市民為主。日夜銀行的開設同時
也大大方便了附近賭場裡的常客。

　　「日夜銀行」開辦後，黃楚九把日夜銀行、大世界遊藝場、
福昌煙公司、中西大藥房和溫泉浴室五個企業集中組成一個「共
發公司」，統一管理，由其親信袁履登、趙芹波、葉山濤等為
董事。

　　1920 年農曆七月初一，由孫中山、虞洽卿組織創辦的上海
第一家華商交易所 —— 上海證券物品交易所經農商部批准，正
式開業。不久，各種大小交易所和信託公司如雨後春筍般應運
而生，最多的時候，一天就冒出十家八家。報紙上經常有某某
交易所成立的整版廣告。除了繁華的街面外，連弄堂裡也掛出
了交易所的牌子。

　　交易所的投機風剛剛在上海出現，黃楚九眼明手快，迅速

地投入了這項「摩登」事業。1920 年年底，他與葉山濤、袁履登等人合夥在「大世界」遊樂場底層的「共和廳」裡開設了「上海市物券交易所」，他親任董事長。「交易所」以其所經營企業的股票為主要商品，暗中哄抬牟利。當時上海各證券物品交易所一般都以「本所股」買賣為主（即本公司買賣本公司股票）。他們邀約經紀人共同策劃「做多頭」，即預測市價將上漲而先期買進，待市價上漲時賣出，或者在內部組織經紀人集團，拉開近期證券和遠期證券的差價，吸引顧客買進近期，丟擲遠期，套利投機，自己則做反套利，即售出近期，吃進遠期，吸收資金從事其他投機事業。這套翻手為雲、覆手為雨的戲法若變得好，便可無本生利，大發橫財，但若是一旦失手，則會一敗塗地，乃至傾家蕩產。

黃楚九曾被稱為是「上海兩個半大滑頭之一」，另外一個系開設過耀華照相館兼銷售假古董、製售「神功濟眾痧藥水」的施德之；所謂「半個」則是指算命起家的瞎子商人 —— 吳鑑光。

平心而論，將黃楚九與施德之、吳鑑光，或是另一個大滑頭 —— 開設京都同德堂、出售假燕窩糖精的孫景和相提並論，似乎有欠妥當。黃楚九創辦新藥業，出品西藥數十種，雖不像他在廣告中吹噓的那樣功效神奇，但終究不能與假燕窩相提並論，更不是起課算命這類行騙勾當。如果因為他熱衷於新興事業，或者他經營有方，而斥之以「滑頭」，似乎是有失偏頗；至於從事證券投機，黃並非 20 年代上海交易所狂潮中的人物，而

且他的買空賣空活動又以失敗告終。假如黃開「上海市物券交易所」可稱「滑頭」的話,那麼「上海灘上大滑頭」的帽子,他還難以戴上。

從「艾羅補腦汁」的問世,到「小囡牌」香菸的誕生,從創辦中法藥房,到經營「大世界」,這 30 年,黃楚九在事業上可謂是蒸蒸日上。當時就有人讚譽他「凡事喜自出心裁,恥襲人後。腦筋靈活,加人一等,又氣魄雄厚,識力堅定,處危疑震撼之交,怡然不動,非他人所及也。」因此,當黃的目光轉向交易所並正式開張營業時,一些商界同仁紛紛上門恭賀其發財,黃楚九心中也正盤算著在交易所如林的上海灘,如何揚其之長、乘其「大世界」之便,狠狠撈一筆鈔票。

誰知「天有不測風雲」,隨著開辦交易所的旋風越刮越猛,不到數月,上海一地就出現了 140 家交易所。結果是「僧多粥少」,不少交易所開辦後無交易可做,於是本所股投機風起雲湧,再加上華商銀行、錢莊「套頭」活動,市場上一方面是大批交易所嚴重虧損,股票價格普遍暴跌,賣出的多,吃進的少,交割時付不出鈔票,賣出的交不出現貨,另一方面是本所股虛假升水愈演愈烈。1921 年末,大批交易所倒閉。外國銀行眼見危機在即,依仗治外法權,公然對所做的「銀拆」拒付,華商銀行、錢莊緊跟著大批宣布破產、倒閉,到 1921 年能勉力維持的交易所只剩下六家。這就是「民國十年信交風潮」。黃楚九的上海市交易所也被捲入這場風潮,被迫宣告停業,股票持有者打

算組織財團控告索賠。老謀深算的黃楚九這下慌了手腳，擔心事情鬧大後勢必會累及他的其他企業。黃為此絞盡腦汁，四處活動，高價收買了十多個在法租界會審公廨登記的外國律師，叫他們不要為持票人承辦申訴案。最後，總算度過了這一難關。為了抵償債務，黃楚九還不得不賣掉了他的花園住宅和部分家產。

「日夜銀行」與「上海市物券交易所」當然密切相關。「信交風潮」期間，「日夜銀行」所以能免於倒閉，很大程度上是因為黃楚九設法調進了一大筆款項。當時，有家「江南交易所」在籌備時曾請黃加入，籌備處就設在「大世界」內，黃只答允從旁參加意見。該交易所創辦三四個月後，便遇上「信交風潮」，在一片倒閉風盛吹之時，黃楚九警告「江南交易所」的經辦人：「只有保本解散……不過在這個倒閉風潮中要保本，並不容易，必須有人代你們保管這筆錢。」他建議道：「目前留在各小銀行是難保險的，還是全數歸『日夜銀行』保管為好。」這就樣，38 萬元股款存入了「日夜銀行」。黃楚九此舉既顯得「夠朋友」，盡了「軍師」的義務，又撈到了實惠，使「口夜銀行」得以倖存。

「信交風潮」使黃楚九靠交易所投機發財的黃金夢破滅了。幸好補漏及時，保住了「日夜銀行」，使「共發公司」這個大機構沒有解體。這時，黃所經營的幾家藥廠生意都還蒸蒸日上，「百齡機」補液銷售情況良好，加上「大世界」和「樓外樓」這兩個黃所大花心血的遊樂場裡遊客有增無減，光是門票收入就甚為可

觀。因此，黃的元氣還沒有大傷。

20世紀中期，上海租地造屋之風甚盛，獲利豐厚。雖然這時的黃楚九有些心灰意懶，安於「知足常樂」，可是面對這個可能再次掀起自己事業高潮、走出低谷的機會，黃楚九又頗為心動了。

早在「大世界」誕生後不久，「大世界」周圍地段迅速繁榮，刺激附近地價上漲，經營企業均有豐厚收入時，黃楚九就為沒有及時將其附近的地產全部經營起來而頗感懊喪，黃認為這是他有生以來最大的一次失誤。法租界明明是靠他的「大世界」興旺起來的，為什麼他這個「大世界」的主人卻沒沾上多少光呢？

適逢此時，「大世界」附近，黃楚九私宅對面的「潮州墳山」打算遷往郊區，擬將地皮以投標方式出租。消息一經傳出，地產商們競相鑽營。黃楚九豈肯錯過這一機會？他派人打探動向於外，運籌策劃於中，志在必得。誰知討論標價時，走漏了風聲，結果投標時，這塊「大肥肉」落入他人之口。據說得標者後來僅轉租今延安東路和龍門路轉角處一小塊地皮給「潮州墳山」的地主何挺然開設「南京大戲院」（今上海音樂廳），其所得便足以抵消承租全部「潮州墳山」的租金。

黃楚九在氣惱之餘，匆匆忙忙動用「日夜銀行」存款，以高價租下浙江路寧波路上的一塊地皮，動遷原有住戶，翻造三層樓房一座。本指望建成後可高價出租撈一筆，不料房屋落成

後，適遇世界經濟危機波及上海，銀根奇緊，上海市面蕭條，且浙江路路面窄，市口並不算好，因此新屋店面一時乏人承租。除一間租給電子公司作「樣子間」，一間租給鞋子店外，其餘十關九空。黃楚九騎虎難下，只好延聘熟悉各行業的人才，自己出資或與別人合夥經營，開設了黃隆泰茶葉店、四合興點心店、黃九芝堂中藥鋪、羅金閣茶館、九福南貨店等，還將他的九福堂箋紙店從別處遷來，勉強撐起市面。但各個店鋪的營業都不景氣，甚至出現虧損，不僅難以收回投資，反而增加了一筆支出。

無力回天

1927 年，上海西藥業公會改組為新藥業同業公會，身為中國西藥界創業的元老，黃楚九被推選為第一任主席。據載，黃楚九經過事業上的幾番打擊之後，「恬退不樂仕進，當道每虛衷邀致，均辭不就。唯上海總商會執行委員、新藥業公會、西湖博覽會委員、紅十字會經濟委員等，或於營業有關，或於公益慈善有關者，始勉就之。」黃的商業鉅子地位得到了公認。

然而，黃楚九的事業卻正是從這一年開始走上了由盛而衰的下坡路。

投資房地產受挫，「日夜銀行」受到牽連，黃楚九整天為調「頭寸」奔波，弄得精疲力盡。黃的事業形勢發生逆轉除和上海

市面不景氣有關外，還有一個重要原因就是他這個既無政治靠山，又不參加幫會組織的工商資本家，受到了黃金榮、杜月笙的打擊。

此時的上海大亨黃金榮、杜月笙，已掌握了上海幫會的力量，徒子徒孫成千上萬，正力圖進一步擴大自己的經濟實力，以對上海的經濟造成影響。黃楚九的「大世界」、「中法藥房」這些贏利頗豐的企業，他們早就覬覦已久了。

1930 年，黃、杜乘黃楚九事業呈衰敗之勢、且身體情況欠佳之機，派人四出傳播謠言，說「日夜銀行」虧空了許多，銀根吃緊，黃楚九已無力回天云云。謠言一出，市民們驚慌不已，唯恐自己的存款「泡湯」，紛紛連夜到「日夜銀行」門口排起長隊，爭先恐後擠兌現金，杜的手下亦趨時起鬨，一併提款。黃楚九一驚之下，氣喘甚劇，病情沉重，後銀行形勢略有好轉，又有「大世界」的收入護駕，黃的病情入冬後漸有痊復之勢。為避寒療養，黃楚九攜眷於 12 月初赴杭州私寓「九芝小築」過冬。杜月笙抓住這個機會，大肆在滬上報紙散布黃楚九暴病而死的消息，因此「日夜銀行」的提款之風更盛了。

黃楚九得知消息後，真是心力交瘁，哮喘病日趨嚴重，但他深知目前自己的健康狀況關係到銀行的安危。於是，1930 年寒冬的一天，黃楚九由女婿陪同，坐著一輛敞篷小汽車，出現在人頭攢動的「大世界」裡。年近六旬的黃楚九，原先枯黃瘦削的臉上塗抹著油彩，穿著富麗堂皇的團花綢袍，顯得容光煥

發。汽車緩緩繞著「大世界」行駛著，引起眾人的注目。黃楚九
強打著精神，和「大世界」裡熟悉的職工、不熟悉的遊客招手
示意。

第二天早上，《新聞報》上，刊出了一套用銅版套色的照片，
旁邊寫著「實業家黃楚九先生之近影」。

終於，盛傳的謠言漸淡下去了，「日夜銀行」的局面暫時得到
了控制，但黃楚九的病情卻惡化到了不可挽回的地步。1931 年 1
月 19 日下午 4 時，黃楚九在「知足廬」寓所內病逝，終年 59 歲。

榮宗敬榮德生和衷共濟

▌創業伊始

在煙波浩淼的太湖東北角，有一座幽靜寧謐的江南城
市 —— 無錫。現代中國著名的資本家，有「麵粉大王」與「紡織
大王」之稱的榮宗敬、榮德生兄弟倆的家鄉就在無錫西郊離城
2.5 公里處的一座江南小鎮 —— 榮巷。

榮宗敬（西元 1873 ～ 1938 年），又叫宗錦，號錦園；榮德
生（西元 1875 ～ 1952 年），名宗銓，又稱德生，號樂農。他們
祖上的遺產傳到他們的父親手裡時，僅有兩間舊屋和 10 多畝田
地。他們的父親自西元 1883 年起到廣樂官府衙門裡做了 10 多

年的幕友，稍有積蓄。兩兄弟在十四五歲時，先後去上海錢莊當學徒。1894 年冬，榮宗敬失業回家。一年之後隨父在廣東幫忙的榮德生也和父親一起回到無錫。1896 年 2 月，他們的父親在上海南市鴻升碼頭開設廣生錢莊。額定資本 3,000 元，自出積蓄 1,500 元，另招股 1,500 元，由榮宗敬任經理，榮德生為管帳。不久，又在無錫設立分莊，榮德生任分莊經理。這是榮氏兄弟合作經營事業的開始。就在這一年的 7 月，他們的父親病故，留下了遺訓：經營事業，信用第一，開支要省儉，做事要穩重。在錢莊開業的最初兩年裡，盈利不多，合夥的股東因缺乏信心而退出。自 1898 年起，廣生錢莊完全由榮氏兄弟獨資經營了。這時正值資本主義工商業在無錫、常州一帶快速發展，錢莊的匯兌業務也日益興旺。因而，到 1901 年廣生錢莊盈利額已達 5,000 餘兩銀子。

這是榮氏工業企業集團最初累積的原始資本。他們將這些資本用來辦企業是以麵粉工業為發端的。在風景秀麗的無錫梅園山頂上，陳列著 8 個巨大的舊石盤。如果把它們拼合起來，就是四部大石磨。榮氏兄弟的麵粉工業就是在這四部石磨的碾動中誕生的。

榮德生在西元 1899 ～ 1900 年間曾應廣東省河補抽稅局總辦朱仲甫之邀，任該局總帳房，管轄著 204 種貨物的過境稅收。他發現，外國麵粉作為洋人食品，可免收關稅，因而輸入量居所有進口貨物之首。這時，他腦子裡閃過一個想法：要是經營

麵粉業，肯定會大有賺頭的。到了上海，他把自己的想法告訴了榮宗敬。兄弟倆竟不謀而合。原來榮宗敬在錢莊經營匯兌業務中，注意到買賣小麥的款項數額巨大，尤其是上海的華商阜豐麵粉廠和英商增裕麵粉廠用於購買小麥的款項占了其中的一大半。可見，麵粉業很有發展的前景。因此，榮宗敬對弟弟的想法深以為然。於是兄弟倆決計創辦麵粉廠。

主意一定，首先需要解決辦廠的資金。應該說，光靠廣生錢莊的盈利是無法解決這一問題的。這時恰逢朱仲甫卸任返滬。榮德生與他商量辦麵粉廠的事宜。他欣然表示願意合股經營。資金有了著落，接下來就是等建廠了。當時全國開辦的機器麵粉廠已有 4 家，即天津的貽來牟、蕪湖的益新、上海的阜豐和增裕。貽來牟是中國第一家機器磨粉廠，建於西元 1878 年，規模不大，每年獲利僅 6、7 千兩。阜豐和增裕廠的裝置較為完善，利潤也較為豐厚。榮氏兄弟想參觀這兩個廠，卻遭到阜豐廠的謝絕。經託人說情，增裕廠才接受參觀，但只允許在樓下粗粗瀏覽一下，而不能參觀軋粉間。但是，榮氏兄弟經過這一番的觀察揣摩，對麵粉廠的生產環節有了大致的掌握，並了解到中國市場上流行的磨粉機器主要來自美、英、法三個國家。美國貨最好，但價格昂貴，全套裝置約需 10 萬多元。如果以英國的機器，配用法國的石磨，價格只需 2 萬元左右。1900 年 10 月，榮氏兄弟邁出了籌建麵粉廠的第一步：集資 3 萬元，朱仲甫出資一半，榮氏兄弟各出 3,000 元，其餘招股 9,000 元。

朱仲甫負責向政府立案，榮宗敬負責訂購機器裝置，榮德生負責在無錫選定廠址，徵購土地、建築廠房和安裝機器等。

1901 年 2 月，榮德生選定無錫西門外太保墩作為廠址，購地 17 畝左右，開始興建廠房。1902 年 3 月建成投產。榮氏兄弟為麵粉廠起了一個吉祥的名字：「保興」，寓有保證興隆之意。這是一個規模不大的工廠，僅有法國石磨 4 部，麥篩 3 道和粉篩 2 道。60 匹馬力引擎 1 部，僱工 30 多名，日產麵粉 300 包，用麥 130 多石。然而，就是這一個簡陋的小廠，為榮氏家族企業集團的萬丈高樓奠定了基石。

但是，保興廠的麵粉並不像它的名字那樣興隆走俏，其原因有兩個：一是當地人思想守舊，不願改變習慣食用麵條；二是江南主食大米，麵粉需求量不大。因此，保興廠開工一年，獲利甚微。這時大股東朱仲甫拆股退出，其他幾個股東也存散夥之心。榮氏兄弟面對這些困難，辦廠的決心仍沒動搖。他們把自己的股本擴增至 2.4 萬元，使之成為最大的股東，並進一步擴大招股，使全廠總資本擴充到 5 萬元。他們還將廠名改為「茂新」，由榮德生任經理，榮宗敬任批發經理。同時，他們針對產品銷路不暢的原因，採取了兩項措施：一是派人到無錫各麵館、麵店、點心店進行推銷，先試用後付款，而且給予一定的回扣；二是物色到了與北方客幫關係熟稔的王堯臣、王禹卿兄弟，重金聘請他們開啟北方的銷路。採取這兩項措施後，麵粉的銷路開啟了。茂新廠充滿著茂盛發達的新活力。

麵粉大王

1904 年，由於東北境內爆發了日俄戰爭，俄國人在東北開設的麵粉廠只能停產，交戰雙方都急需麵粉，茂新廠出產的麵粉在東北銷量急劇上升，價格也直往上竄，每天可淨賺 500 餘兩銀子。結果這一年茂新廠獲利甚豐，達 6.6 萬兩之多。

面對茂新廠良好的發展前景，榮氏兄弟決定擴大生產規模，購買新的機器裝置。他們打聽到美商恆豐洋行有美國新式磨粉機，且價格十分便宜，又有分期付款的優惠，就訂購了 10 多部磨粉機，生產能力比以往提高了 9 倍，且麵粉品質更好。為了創立品牌，樹立良好形象，榮氏兄弟採用了「綠兵船」牌作為茂新廠生產的麵粉商標，包裝上也力求改進，所以這一年茂新廠盈利更佳。

20 世紀初，由於清政府實行「新政」，鼓勵中國工商業發展，因此全國各地尤其是東南沿海地區民營企業紛紛創立，無錫也成立了工商業的管理機構 —— 無錫商會，榮氏兄弟已成為無錫有名的實業家，自然也成為第一批會員。

茂新廠使榮氏兄弟賺了不少錢，把創辦實業當作事業來追求的兄弟倆又開始準備新的投資。這次，他們把目光投向了人民同樣迫切需要的衣著工業。

1903 年，榮德生在杭州的通益公紗廠參觀。紗廠總管唐懿誠陪著他考察了生產流程，並詳細介紹各個環節的具體情況。

回到上海後，與其兄榮宗敬商量後，決定出資招股，創辦紗廠。

1905 年 7 月，在上海北京路壽聖庵怡和洋行買辦榮瑞馨舉辦的一次宴會上，榮德生提出到無錫辦紗廠的事，倡議在座的工商界人士出資合辦，得到了許多人的積極響應。於是，由怡和洋行買辦榮瑞馨、西門子洋行買辦葉慎齋、禪臣洋行買辦張石君、大豐布號老闆鮑威昌、保康當鋪老闆徐子儀與榮氏兄弟共同發起，籌資 30 萬元創辦了無錫振興紗廠，榮氏兄弟各認股 3 萬元。由於榮瑞馨是最大股東，因此振興紗廠的實權在他手中，他安排了張雲伯為經理，徐子儀為副經理。

1907 年 3 月，振興紗廠正式投產，由於管理不善，張雲伯對廠裡業務也不聞不問，半年後就出現了鉅額虧損。最後，在張石君、葉慎齋等股東的倡儀下，召開了股東大會，決定由榮宗敬任董事長，榮德生任經理，以扭轉振興紗廠的經營狀況。

榮德生對生產各個環節加強管理，大力降低成本，幾個月後，企業經營重上正軌。1910 年，振興紗廠的棉紗在市場上已供不應求，呈現出良好的發展前景。

1912 年底，榮氏兄弟與王禹卿兄弟、浦文汀兄弟共同出資在上海創辦了福新麵粉廠（後來稱為福新一廠），榮宗敬任總經理，王禹卿之兄王堯臣為經理，浦文汀之兄浦文渭為副經理。剛開始時福新一廠日產麵粉 1,200 袋，也用「綠兵船」為商標，在上海市場供不應求，當年便獲利 3.2 萬元，占總投資額 4 萬元

的 80%。福新麵粉廠獲得的豐厚利潤，使榮氏兄弟看好上海市場，逐漸把企業的中心由無錫轉到上海發展。

1913 年，榮氏兄弟在上海購地 17 畝，訂購了美國磨粉機 21 部，建立了福新二廠，次年底即開工生產。

1914 年，第一次世界大戰爆發，這為中國工業的發展提供了一個難得的良機。由於歐洲各國忙於戰事，商品生產大為減少，麵粉也要大量從國外採購。而中國麵粉價格低廉，產量又大，各國商人紛紛前來收購。麵粉供不應求，價格連連攀升。榮氏兄弟趁這千載難逢的機會，迅速擴大生產規模，一口氣創辦了多家麵粉廠，形成了榮氏實業的第一個發展高峰。

1914 年，榮氏兄弟與王、浦兩家兄弟共同出資在福新一廠邊開辦了福新三廠。

為了擴大生產，占領市場，榮氏向日本臺灣銀行、中日實業公司等以福新廠財產作抵押，貸到 95 萬元鉅款，使生產能力迅速增加。

1919 年，榮宗敬投資上海商業儲蓄銀行，任該行董事。榮氏企業也從該行貸到不少款項。

從 1917 年到 1920 年短短的三四年間，榮氏兄弟充分利用各種融資管道，企業規模急驟膨脹，購買了 300 餘部磨粉機，日產麵粉能力達 8 萬包左右，年產 2,100 萬包，約占全國產量的 28%，榮氏兄弟也成為當時中國公認的麵粉大王。

1920 年 1 月，榮宗敬聯合同行業人，發起成立了上海麵粉交易所，榮宗敬任理事長。由於茂新廠「綠兵船」牌麵粉質地優良，銷量最大，被交易所確定為「標準粉」。麵粉交易所的成立，為榮氏企業規避市場風險、判斷麵粉行情提供了十分有利的條件。

▋跨越發展

榮氏的「綠兵船」麵粉之舟，以如此驚人的速度前進，使榮氏資本如雪球一般越滾越大。這為他們已經涉足的紡織工業提供了充分有利的發展條件。早在 1905 年，榮氏兄弟與人合股集資 27 萬元，在無錫籌建振新紗廠。1907 年振新廠建成開工，但因經營不善，虧損甚多，股東們意見紛紛，而掌握該廠實權的大股東榮瑞馨卻無力收拾這個局面。因此，1909 年該廠進行改組，由榮宗敬任董事長，榮德生任總經理。榮氏兄弟對工廠的經營管理進行了全面整頓，力求降低成本，提高品質，振新紗廠的面貌大為改觀。到 1910 年振新廠生產的「球鶴」紗風行常州、無錫等地，可與日紗「藍魚牌」同價競爭。第一次世界大戰爆發後，原來在中國市場上鋪天蓋地的外國紗、布頓時萎縮，中國紗、布企業乘勢而上，獲利倍蓰，以至社會上流行著「一件棉紗賺一隻元寶」的說法。榮氏兄弟當然不願放過這一發展棉紡業的大好時機。他們在 1914 年提出以振新廠的盈餘擴大企業規模，增設新廠。他們認為，「非擴大不能立足」。只有擴大自己

的企業規模，才能增強自身的競爭能力。榮宗敬常說：「競爭如同打仗，我能多買一隻紗錠，就像多得一支槍。」但他們試圖發展紗廠的計畫，遭到董事會中大部分股東的反對。這時，榮氏兄弟毅然決然退出振新廠，開始籌建以自己為中心的紡織工業。

1915 年，榮宗敬購買了上海白利南路（即現在的長寧路）的一家軋油廠的廠房，改建為紡織廠，年底正式投產，這就是著名的申新第一紡織廠。開工之後，棉紗十分暢銷。1916 年，棉紗產量為 3,584 件，盈利 2 萬餘元，到 1919 年全年盈利猛增至 100 多萬元。

1917 年，榮氏兄弟花 40 萬元買下了上海恆昌源紗廠，改名為申新二廠。

1919 年，榮氏兄弟在老家無錫開辦了申新三廠。

1922 年 3 月，榮宗敬在棉花種植大省湖北的漢口，投資 158 萬元，籌建了申新四廠。

1925 年，上海棉紗鉅子、上海紗布交易所理事長穆藕初經營的德大紗廠負債累累，瀕臨破產境地，榮氏兄弟出資 65 萬元買下了德大紗廠，改名為申新五廠。該廠裝置很先進，共 2.8 萬紗錠，其中有 1 萬錠是美國沙克洛紡紗機，1.8 萬錠是英國赫倫敦線錠。因此不到 1 個月就全負荷復產，源源不斷地生產出品質優良的棉紗。這時榮宗敬還取代了穆藕初的「上海華商紗廠聯合會」主席與紗布交易所理事長兩個職位。

這年 6 月，榮氏兄弟又出資 15 萬元，租下了常州紗廠，改名為申新六廠，榮鄂生被聘為經理。

辦紗廠需要大量的資金投入，再加上外商尤其是日本在中國已辦有許多紗廠，並向國內傾銷，棉紗業的競爭遠要比麵粉業激烈得多。榮氏兄弟自然清楚地了解這一決策的巨大風險，但為了發展工業，奪回經濟利權，他倆義無反顧地走上了立志成為「紡織大王」的道路。榮宗敬曾說：「我一生做事的宗旨，就是要出人頭地，處處爭第一。做人要有不自足之心，大有為之志，現在要抓住時機集中全力發展紗廠。」

1925 年 5 月 30 日，五卅慘案爆發，中國人民進一步覺醒，開展了「提倡國貨，抵制日貨」的活動，國貨在全國各地都極為暢銷。這為申新集團的超常軌發展帶來了極好的契機，同 1922 ～ 1924 年相比，1925 ～ 1926 年期間，申新各廠的棉紗、棉布的產銷量均大幅度增長，盈利迅速增加。申新生產的「人鍾」牌棉紗由於品質好，享譽國內外，成為上海紗布交易所的標準紗。

1928 年 5 月 3 日，又爆發了震驚中外的濟南慘案，日貨更成了過街老鼠，國人紛紛購買國產棉紗，申新的「人鍾」、「寶塔」牌棉紗成了各地市場最為暢銷的棉紗。

榮氏兄弟抓住這千載難逢的發展機遇，1928 年初又創辦了申新七廠，聘用朱仙舫為廠長。接著，又購進英國最新式的細

紗機，因一時找不到適當的廠址，就在申新一廠旁邊的空地上建造了一座兩層廠房，成為申新八廠。

1931 年，榮氏兄弟又出資 40 萬銀元買下了破產的上海三新紗廠的廠房裝置，建成了申新九廠。

至此為止，申新系統已擁有 9 個工廠，紗錠 52.1 萬枚，布機 5.3 萬臺，職工共 3 萬餘人，年產棉紗 30 萬件，棉布 200 多萬匹，生產能力占全國棉紗業的近 30%，又獲得了「紡織大王」的稱號。

經過二三十年的苦心創業和奮鬥，中國工業的第一大財團 —— 榮氏企業終於奠定了其牢固的地位。這時榮氏家族已擁有茂新、福新、申新三大系統，共 21 家工廠，稱雄麵粉、棉紗兩大行業，成為實力最巨、中外聞名的三新財團。榮宗敬曾自豪地說：「從衣食上講，我有半個中國！」榮氏家族的三新財團，已成為當時中國工業的代表。

為了在激烈的市場競爭中出奇制勝，立於不敗之地，榮宗敬決定進軍期貨業與金融業，以拓展業務範圍。榮氏兄弟注意到了商品交易所在控制原料、成品價格以及對市場競爭力所發揮的作用。1920 年，他們與申大的顧馨一、阜豐的寧鈺亭等人共同組織了「上海麵粉交易所」，以福新的「綠兵船」牌麵粉作為標準粉，從事期貨交易。

1921 年，榮宗敬又聯合棉紗資本家聶雲臺、穆藕初等人籌

備組織了「上海華商紗布交易所」。

　　榮氏兄弟利用交易所這一期貨組織，進行廉價收購原料與高價出售產品的交易，為榮氏企業開拓了廣闊的麵粉、棉紗市場，獲得了豐厚的利潤，並不斷把利潤轉為投資，驅動龐大的榮氏實業繼續高速地向前行進。

　　為了更容易籌集企業發展所需的雄厚資金，榮宗敬決定涉足金融業，自辦儲蓄部以籌措大量資金。

　　1928 年，在上海江西路榮氏企業總部內，同仁儲蓄部掛牌成立，廣泛吸收社會遊資，以較銀行存款利息略高的利率招徠顧客，並以優良的服務取信於客戶，儲蓄額不斷增加，當年存款餘額就達 147 萬元。1931 年同仁儲蓄部存款已超過 500 萬元。

　　可是，正在榮氏企業發展蒸蒸日上之時，國民黨政府卻對工業採取壓抑重稅政策，對麵粉業加徵麥皮抽特稅、布袋稅等雜稅，加重了企業負擔，再加上軍閥混戰造成巨大損失。1930 年，榮氏的福新各廠虧損達 42 萬元，1931 年虧損更增至 190 多萬元。

　　1932 年，上海「一二八」事件爆發，榮氏兄弟在上海的企業被迫先後關閉，資金調度困難，棉紗存貨堆積如山。為了減輕負擔，華人所辦紗廠共同決議：全體會員廠家實行減產限產措施，以度過難關。

　　1933 年，榮氏企業的申新系統為了維持生存，先後向英商麥加利銀行、中國銀行等借款近千萬元。由於經營不見起色，榮

氏企業危機不斷加深。1934 年春，中國、上海兩銀行宣布：不再對申新放款。與此同時，各大錢莊也要求到 6 月底收回貸款。

與此同時，國民黨政府實業部長陳公博派官員對申新資產進行調查評估，認為申新已資不抵債，提出要進行「改換經營組織」以「清理債務」，企圖以 300 萬元接管申新，收歸國有。榮宗敬與全國工商界人士為了維護自身的利益，紛紛加以抵制與反對。

1935 年，財政部長、中國銀行董事長宋子文也想迫使榮氏放棄申新公司，由中國銀行發行公司債券，以達到吞併申新的目的。榮氏兄弟予以堅決拒絕，上海銀行也深恐自己遭受損失，拒不同意。結果，處於困境之中的申新系統又一次轉危為安。

1937 年 8 月 13 日，日軍侵略上海，慘烈的淞滬戰役爆發。在這次戰爭中，地處滬東、閘北戰區的申新、福新各廠都受到狂轟濫炸，遭到巨大損失。戰後，榮氏兄弟苦心經營數十年的榮氏企業損失了 2/3 的資產，榮德生被迫離開無錫，去了漢口；榮宗敬則繼續留在上海公共租界內，直到 1938 年 1 月 4 日才悄悄離滬去了香港。

榮宗敬抵港後，舊恙復發，加上旅途勞頓，環境變更，生活不適，於 1938 年 2 月 10 日病逝於香港養和醫院，享年 66 歲，臨歿猶以「實業救國」諄囑子侄輩。

坎坷之路

榮宗敬去世後，榮氏家庭的經營重擔落在了榮德生身上。

相比而言，榮氏家族的這對創業兄弟性格並不一致，但他們能和衷共濟，配合默契，共同鑄就了榮氏家庭的輝煌。榮宗敬辦事果敢，富有魄力；榮德生穩重周密，理財有方。榮宗敬在創業和經營策略中表現出過人的膽識與眼光，榮氏企業的迅速崛起與他的努力是分不開的。由於榮氏企業規模龐大，權力必須高度集中，因此在榮宗敬時代，榮氏企業財團的一切重大決策幾乎都是由榮宗敬做出的，下面的各個分廠只是具體執行與貫徹決策，這時榮氏企業的組織構成可以說是「金字塔型」的。到了榮德生時代，這一切都發生了變化，三大系統的權力都發生了分化。

1938 年 6 月，榮德生從漢口轉道香港，回到上海。這時的榮氏企業集團，已因戰亂而顯得支離破碎。原由榮德生親自管理的無錫申新三廠與茂新系統，已全部毀於一旦，在上海租界外的申新系統 7 個廠已被日軍委託給日商紗廠接管經營；在租界內倖存的申新二、九廠還由榮家掌管並照常開工，其產品在海內外市場上頗為暢銷，獲利甚豐。但 1939 年 9 月歐戰爆發後，日軍不斷在租界內製造事端，「孤島」的特殊地位已無法維持，兩廠的前途岌岌可危；申新四廠、福新五廠內遷到重慶與陝西寶雞，由榮德生的女婿李國偉親自掌管，在抗戰期間獲得

鉅額超額利潤，不但還清了戰前申四、福五兩廠積欠的 700 萬債款，而且還用豐厚的紅利擴股，增強了企業的實力，李國偉也羽翼豐滿，自成一個系統。

1936 年至 1941 年，榮德生蟄居在上海租界內，基本上不對榮氏企業加以過問，他透過一段時間的考慮，開始籌劃另立系統，獨立創辦一個規模宏偉的企業，重振榮氏家族的雄風。1941 年，他成立了「天元實業公司」，自任總經理，並自定經營範圍與經營宗旨。

1 專營實業，辦紡織、麵粉、電氣、鐵工廠、磚瓦廠等。

2 廠址選擇接近原料產地，交通便利，運輸方便。

3 工廠管理採取工人自治辦法。

4 培養人才，注重技術訓練。

5 擴充發展，量力而行，萬勿猛進。

榮德生準備把「天元公司」辦成純粹是榮家自己一脈的獨資企業，股份主要掌握在自己的幾個兒子手中。1941 年，「天元實業有限公司」成立，資本為 5,000 萬元，分成 5,000 股。經營業務以進出口業務為主，是美國粘膠人造絲公司、雷諾金屬製品公司等在中國的唯一代理商，並在香港、紐約、曼谷等地設立了分公司。但天元公司除了在無錫開設了天元麻毛棉紡織廠，在上海開辦了開源機器廠外，並沒取得多大的成就。

1940 年代，榮氏家族第二代企業家開始崛起，他們有著豐

富的業務知識與新穎的管理思想，富於開拓精神與競爭意識，他們進入榮氏企業的決策層，使榮氏企業的發展進入了一個新時代。他們是榮鴻元（榮宗敬長子）、榮爾仁與榮毅仁（榮德生次子與四子）、李國偉（榮德生女婿）等。由於企業之間的矛盾加劇與利益的分歧，榮氏企業內形成了以榮鴻元為首的總公司系統，以榮德生、榮爾仁為首的總管理處系統與以李國偉為核心的申四福五系統三足鼎立的局面。

榮鴻元 1938 年春從香港回到上海，繼其父事業擔任了申新總公司總經理的職務。但在戰時各個企業他都無法插手，他主要從事證券投資與房地產生意，顯示了高明的理財本領。他把每月從中二、申九等廠獲得的豐厚股息與紅利大部分換成外匯、黃金，委託在美國的代理人經營，取得了良好的投資回報。

太平洋戰爭爆發後，日軍占領租界，禁止外幣買賣，榮鴻元就轉而投資上海的房地產業。他成立了協盛地產公司，先後買進了江西路、大華中路與虹橋路一些地塊，然後再高價出手，賺了不少錢。

為了能為榮氏企業在戰後的迅速恢復與發展提供鉅額資金支援，1944 年 2 月，榮鴻元辦了三新銀行，資本額 1,200 萬元，每股 100 元，共 12 萬股，全由榮氏家族成員持股。榮鴻元擔任總經理，榮毅仁擔任經理。

抗戰勝利後，榮鴻元憑藉雄厚的資金實力，收購創辦了不

少廠家，擴充了申新總公司的經濟實力。1946 年，他以 85 萬美元購買了安徽蕪裕中紗廠，同年創辦了鴻豐紗廠一廠與二廠。他還出資收購了大華粉廠，改名為鴻豐粉廠。另外，他還與宋子文合資買下了上海最大的堆疊 —— 隆茂堆疊。這一時期，榮鴻元管轄的申新總公司發展很快，規模不斷擴大。1948 年 11 月正當他雄心勃勃地經營著自己的申新系統時，他因套購外匯被國民黨政府逮捕並判處緩刑。由此他心灰意冷，對前途充滿了悲觀情緒，不久就跑到香港去了。

榮德生次子榮爾仁也是榮氏家庭第二代企業家中的佼佼者。他從 19 歲起就進入申新三廠實習，有著豐富的生產技術與管理經驗，因頭腦清晰、判斷準確受到榮宗敬的賞識。1931 年他出任申新一廠廠長。1935 年又改任申新三、五廠廠長。上海淪陷後，主持上海「孤島」內的申新二、九廠的經營，兩廠均獲得鉅額的戰時利潤，還清了戰前榮氏家族的債務，顯示了其出色的管理才能與經營手段。

1943 年後期，抗戰形勢進一步好轉，榮氏家族看到了這一趨勢，開始著手戰後榮氏企業的恢復擴大工作，以重振雄風，再創輝煌。經過商議，決定立即向重慶的國民黨政府正式辦理總公司的登記手續，為戰後的整頓恢復取得合法地位。1943 年底，榮爾仁率有關人員奔赴重慶，以茂新、福新、申新總公司總經理的名義，去完成這一艱鉅的使命。

　　經過兩年努力，榮氏企業終於取得了戰後營利法人的資格，領到了營業執照。在此同時，為了復興榮氏企業，榮爾仁經過一番考察，提出了榮氏企業戰後重建計畫——大申新計畫，包括兩部分內容。

　　第一部分是「申新各廠戰後整理及建設計畫」，計劃在 10 年內將申新發展到 20 個廠，擁有紗線機達 200 萬綻、布機 2 萬臺、染整機 17 套。

　　第二部分是「茂新、福新麵粉公司戰後復興計畫」，計劃在 10 年內，將麵粉廠發展到 16 個廠，日產麵粉 22 萬袋。

　　榮爾仁這個大規模的大申新復興計畫，是以申新為發展重點，仍以棉紗業與麵粉業為主，擴大市場占有率，並準備向水泥業等新興行業發展。為了實現這個計畫，榮爾仁主張建立起一個新式管理機構，使其成為榮氏企業真正的靈魂與中心。但由於這個計畫尚有不切實際之處，又涉及各個系統本身的利益，它先後遭到了重慶的李國偉、美國的榮研仁與上海的榮鴻元等的抵制與反對，這個計畫也就不了了之。榮氏企業在戰後想迅速重振雄風的可能性也就喪失了其存在的基礎。

　　抗戰勝利後，中國又陷入內戰，社會危機進一步加重。作為中國當時創辦工業最成功的家族，榮氏家族自然也成為黑暗勢力迫害與壓榨的目標。從 1946 年至 1949 年，接連發生了榮德生綁票案、榮鴻元私套外匯案、榮毅仁軍粉黴爛案。三年之

中，榮氏家族共被勒索財物達 110 多萬美元，精神、名譽受到嚴重損害，榮氏企業的經營發展也受到損失。

1952 年 5 月，榮德生突患紫斑症，病勢垂危，經多方搶救無效，於 7 月 29 日在無錫榮家寓所裡去世，享年 78 歲。8 月 11 日，行政公署主任管文蔚在公祭儀式上致悼詞，對榮德生做了很高的評價，他說：「榮德生的一生，是為開發民族工商業奮鬥的一生，他是一個事業心很強的人，有和困難搏鬥的精神，是一位愛國主義者，是一位民族資本家。」

這位與他的兄長榮宗敬一起鑄就了榮氏企業輝煌的實業家，被安葬在太湖之畔的無錫舜柯山麓邊，長眠於這片生於斯、長於斯的土地上。

電子書購買

爽讀 APP

國家圖書館出版品預行編目資料

盛世商魁，歷代名商的傳奇與歷史軌跡：從先秦的陶朱公范蠡，到近代的紡織大王，看中國的經濟史如何在商潮起落中演變！／潘于真，林之滿，蕭楓 編著 . -- 第一版 . -- 臺北市：財經錢線文化事業有限公司 , 2024.05
面；　公分
POD 版
ISBN 978-957-680-867-8(平裝)
1.CST: 商人 2.CST: 傳記 3.CST: 商業史 4.CST: 中國
492.7　　113004640

盛世商魁，歷代名商的傳奇與歷史軌跡：從先秦的陶朱公范蠡，到近代的紡織大王，看中國的經濟史如何在商潮起落中演變！

臉書

編　　著：潘于真，林之滿，蕭楓

發 行 人：黃振庭

出 版 者：財經錢線文化事業有限公司

發 行 者：財經錢線文化事業有限公司

E-mail：sonbookservice@gmail.com

粉 絲 頁：https://www.facebook.com/sonbookss/

網　　址：https://sonbook.net/

地　　址：台北市中正區重慶南路一段六十一號八樓 815 室
Rm. 815, 8F., No.61, Sec. 1, Chongqing S. Rd., Zhongzheng Dist., Taipei City 100, Taiwan

電　　話：(02) 2370-3310　　傳　　真：(02) 2388-1990

印　　刷：京峯數位服務有限公司

律師顧問：廣華律師事務所 張珮琦律師

─版權聲明

本書版權為淞博數字科技所有授權財經錢線文化事業有限公司獨家發行電子書及繁體書繁體字版。若有其他相關權利及授權需求請與本公司聯繫。

未經書面許可，不得複製、發行。

定　　價：330 元

發行日期：2024 年 05 月第一版

◎本書以 POD 印製